建筑工程框架结构
手工算量教程

阎俊爱　张素姣　高　峰　主　编

化学工业出版社

·北京·

本书共七章，详细介绍框架结构图纸的工程量。每章均以某一层的全部工程量为大任务，与软件算量指导书基本一致。每章内容均以大任务为导向，首先对图纸进行分析，然后对其任务进行分解，使读者知道每一层应该算什么；其次通过计算规则总结，使读者明白这些工程量如何计算，然后让读者自己练习去计算，最后对计算有难度的还有温馨提示，方便学习。

　　本书既可以作为高等院校工程管理、造价管理、房地产经营管理等专业的教材，也可以作为建设单位、社工单位及设计监理单位工程造价人员的参考资料。

图书在版编目（CIP）数据

建筑工程框架结构手工算量教程/阎俊爱，张素姣，
高峰主编 . —北京：化学工业出版社，2015.10（2021.8重印）
ISBN 978-7-122-25067-4

Ⅰ.①建… Ⅱ.①阎… ②张…③高… Ⅲ.①建筑工
程-框架结构-工程造价-教材　Ⅳ.①TU723.3

中国版本图书馆 CIP 数据核字（2015）第 207181 号

责任编辑：吕佳丽　　　　　　　　装帧设计：张　辉
责任校对：王　静

出版发行：化学工业出版社（北京市东城区青年湖南街 13 号　邮政编码 100011）
印　　装：北京七彩京通数码快印有限公司
787mm×1092mm　1/16　印张 7¼　字数 171 千字　　2021 年 8 月北京第 1 版第 2 次印刷

购书咨询：010-64518888　　　　　　售后服务：010-64518899
网　　址：http://www.cip.com.cn

编写人员名单

主　编　阎俊爱　张素姣　高　峰
副主编　骈永富　蒲红娟　由丽雯
参　编　（按拼音排序）
　　　　党　斌　丁　珂　冯　伟　亢磊磊　韩　琪
　　　　刘文智　刘晓霞　马文姝　佘桂平　石　芳
　　　　王　瑾　闫洁萱　姚　辉　尹欢欢　张立见
主　审　张向荣

前　言

最新国家标准《建设工程工程量清单计价规范》(GB 50500—2013)和九个专业的工程量计算规范的全面强制推行，引起了全国建设工程领域内的政府建设行政主管部门、建设单位、施工单位及工程造价咨询机构的强烈关注。新规范相对于旧规范而言，把计量和计价两部分进行分设，思路更加清晰、顺畅，对工程量清单的编制、招标控制价、投标报价、合同价款约定、合同价款调整、工程计量及合同价款的期中支付都有着明确详细的规定。这体现了全过程管理的思想，同时也体现出新规范由过去注重结算向注重前期管理的方向转变，更重视过程管理，更便于工程实践中实际问题的解决。

另外，我们在长期的实践中发现，尽管目前有很多工程造价方面的图书出版，但却没有适合入门的读者选择。基于上述背景，我们以实践动手能力为出发点，结合教学经验和最新工作实践，编写了本套书。本套书包括三本：**《建筑工程框架结构软件算量教程》**、**《建筑工程框架结构手工算量教程》**、**《框架结构图纸》**。

本套书融入了最新国家标准《建设工程工程量清单计价规范》(GB 50500—2013)和《房屋建筑与装饰工程工程量计算规范》(GB 50854—2013)的内容，手工算量教程只有答案没有计算过程，列出了计算过程的文字表述，有利于读者读图思考。通过软件操作提高软件应用能力，而且还可以将手工算量结果与软件算量结果作对比，发现二者的不一致，分析原因，解决问题，从而培养读者发现问题、分析问题和解决问题的能力。

本书共七章，每章均以某一层的全部工程量为大任务，与软件算量指导书基本一致。每章内容均以大任务为导向，首先对图纸进行分析，然后对其任务进行分解，使读者知道每一层应该算什么；其次通过计算规则总结，使读者明白这些工程量如何计算，然后让读者自己练习去计算，最后对计算有难度的还有温馨提示，通过每章这几步的学习和练习，不仅使读者巩固了手工算量的思路和流程，而且还掌握了建筑工程清单工程量的计算规则，同时通过自己亲自动手计算练习还提高了手工算量的技能。

本套教材由阎俊爱、张素姣、高峰担任主编，张向荣担任主审。电子版图纸可至 360 云盘下载，360 云盘账号：1362669726@qq.com，密码：huagongshe。

由于编者水平有限，尽管尽心尽力，但难免有不当之处，敬请有关专家和读者提出宝贵意见，以不断充实、提高、完善。

有问题请扫二维码，找专家解决

编者
2015 年 7 月

目　录

第一章 概　述

☞ **能力目标:**
　　掌握工程量的基本概念及其列项的基本思路。

一、布置任务

　　1. 熟悉快算公司培训楼的图纸，根据图纸对其进行分层

　　2. 根据图纸对首层进行分块

　　3. 根据图纸对首层围护结构、顶部结构、室内结构、室外结构、室内装修和室外装修进行分解

　　4. 根据图纸上述哪些构件是复合构件？它们又分解为哪些子构件

二、内容讲解

第一节　工程量计算的步骤

实际工程中，工程量计算主要包括以下几个主要步骤，如图 1-1 所示。

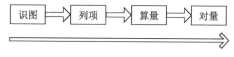

图 1-1　工程量计算步骤图

1. 识图

　　工程识图是工程量计算的第一步，如果连工程图纸都看不懂，就无从进行工程量的计算和工程计价。虽然识图是在工程制图或工程识图中就应该解决的问题，但是在工程量计算时大多数同学拿到图纸仍然，搞不懂。因此，我们从实践中总结出来的观点是：在工程量计算的过程中学会识图。

2. 列项

在计算工程量（不管是清单工程量还是计价工程量）时，大多数读者遇到的第一个问题不是怎么计算的问题，而是计算什么的问题，计算什么的问题在这里就叫做列项。列项不准确会直接影响后面工程量的计算结果。因此，计算工程量时不要拿起图纸就计算，这样很容易漏算或者重算，在计算工程量之前首先要学会列项，即弄明白整个工程要计算哪些工程量，然后再根据不同的工程量计算规则计算所列项的工程量。

3. 算量

算量就是根据相关的工程量计算规则，包括《房屋建筑与装饰工程计量规范》（GB 500854—2013）中的工程量计算规则和各地定额中的工程量计算规则，计算房屋建筑工程的清单工程量及与清单项目工作内容相配套的计价工程量。

4. 对量

对量是工程计价过程中最重要的一个环节，包括自己和自己对，自己和别人对。先手工根据相关计算规则做出一个标准答案来，再和用软件做出来的答案对照，如果能对上就说明软件做对了，对不上的要找出原因，今后在做工程中想办法避免或者修正。通过这个过程，用软件做工程才能做到心里有底。

第二节 工程量的基本概念

1. 工程量

工程量是根据设计的施工图纸，按清单分项或定额分项、《房屋建筑与装饰工程计量规范》或《建筑工程、装饰工程预算定额》计算规则进行计算，以物理计量单位表示的一定计量单位的清单分项工程或定额分项工程的实物数量。其计量单位一般为分项工程的长度、面积、体积和重量等。

2. 清单工程量

《建设工程工程量清单计价规范》（GB 50500—2013）规定：清单项目是综合实体，其工作内容除了主项工程外还包括若干附项工程，清单工程量的计算规则只针对主项工程。

清单工程量是根据设计的施工图纸及《房屋建筑与装饰工程计量规范》计算规则，以物理计量单位表示的某一清单主项实体的工程量，并以完成后的净值计算，不一定反映全部工程内容。因此，承包商在根据工程量清单进行投标报价时，应在综合单价中考虑主项工程量需要增加的工程量和附项工程量。

3. 计价工程量

计价工程量也称报价工程量，它是计算工程投标报价的重要基础。清单工程量作为统一各承包商报价的口径是十分重要的。但是，承包商不能根据清单工程量直接进行报价。这是因为清单工程量只是清单主项的实体工程量，而不是施工单位实际完成的施工工程量。因此，承包商在根据清单工程量进行投标报价时，根据拟建工程的施工图、施工方案、所用定额及工程量计算规则计算出的用以满足清单项目工程量计价的主项工程和附项工程实际完成的工程量，就叫计价工程量。

第三节 工程量列项

1. 列项的目的

列项的目的就是计算工程量时不漏项、不重项，学会自查或查别人。图纸有很多内容，而且很杂，如果没有一套系统的思路，计算工程量时将无法下手，很容易漏项。为了不漏项，对图纸有一个系统、全面的了解，就需要列项。

2. 建筑物常见的几种列项方法

目前建筑物常见的列项方法包括以下几种。

（1）按照施工顺序的列项方法

这种方法主要是根据施工的顺序来列项，如平整场地—挖基础土方—基础垫层—基础—基础梁—基础柱子—基础墙—回填土等，对于有施工经验的人来说比较适用，但对于没有施工经验的人来说很难列全，漏项是不可避免的。

（2）先列结构后列建筑的列项方法

这种方法就是先列墙、梁、板、柱等主体构件，再列室内外装修等装修项目，该方法也能把工程中大的构件列出来，小的项目也会漏掉。

（3）按照图纸顺序的列项方法

这种方法是按照图纸的顺序一张一张地过，看到图纸上有什么就列什么，图纸上没有什么就不列什么，结果漏的项更多，因为有些项目图纸上是不画的，比如散水伸缩缝、楼梯栏杆等。

（4）按照构件所处位置的列项方法

这种方法打破建筑、结构的概念，打破施工顺序的概念，按照构件所处的位置进行分类列项。这种方法从垂直方向把建筑物分成了七层（将相同类型的层合并成一层），从水平方向把某一层又分成六大块，分别是：围护结构、顶部结构、室内结构、室外结构、室内装修、室外装修，然后从围护结构继续往下分，一直分到算量的"最细末梢"。这种列项方法是一个从粗到细，从宏观到微观的过程。通过以下 4 个步骤对建筑物进行工程量列项，可以达到不重项、不漏项的目的，如图 1-2 所示。

图 1-2 按照构件所处位置的列项步骤图

实践证明，这种方法效果很好，因为人人都住在建筑物里面，都有上下左右、室内室外的概念。这种方法易于理解，便于记忆，因此，下面重点介绍这种列项方法。

3. 建筑物分层

针对建筑物的工程量计算而言，列项的第一步就是先把建筑物分层，建筑物垂直方向从下往上一般分为七个基本层，分别是：基础层、$-n \sim -2$ 层、-1 层、首层、$2 \sim n$ 层、顶层和屋面层，如图 1-3 所示。

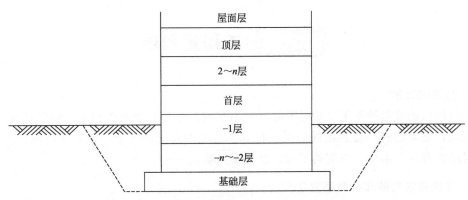

图 1-3　建筑物分层示意图

这七个基本层每层都有其不同的特点。其中：

（1）基础层与房间（无论是地下房间还是地上房间）列项完全不同，因此，单独作为一层。

（2）$-n \sim -2$ 层与首层相比，全部埋在地下，外墙不是装修，而是防潮、防水，而且没有室外构件，由于 $-n \sim -2$ 层列项方法相同，因此将 $-n \sim -2$ 层看作是一层。

（3）-1 层与首层相比，部分在地上，部分在地下。因此，外墙既有外墙装修又有外墙防水。

（4）首层与其他层相比，有台阶、雨篷、散水等室外构件。

（5）$2 \sim n$ 层不管是不是标准层，与首层相比没有台阶、雨篷、散水等室外构件，由于 $2 \sim n$ 层其列项方法相同，因此将 $2 \sim n$ 层看作是一层。

（6）顶层与 $2 \sim n$ 的区别是有挑檐。

（7）屋面层与其他层相比，没有顶部构件、室内构件和室外构件。

4. 建筑物分块

对于建筑物分解的每一层，一般分解为六大块：围护结构、顶部结构、室内结构、室外结构、室内装修及室外装修，如图 1-4 所示。

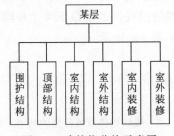

图 1-4　建筑物分块示意图

（1）围护结构

把围成首层各个房间周围的所有构件统称为围护结构。

（2）顶部结构

把围成首层各个房间顶盖的所有构件统称为顶部结构。

（3）室内结构

把占首层某房间空间位置的所有构件统称为室内结构。

（4）室外结构

把外墙皮以外的所有构件统称为室外结构。

（5）室内装修

把构成首层的每个房间的地面、踢脚、墙裙、墙面、天棚、吊顶统称为室内装修。

（6）室外装修

把构成首层的外墙裙、外墙面、腰线装修及玻璃幕墙统称为室外装修。

5. 建筑物分构件

将建筑物分成块之后，并不能直接计算每一块的工程量，还要把每块按照建筑物的组合原理拆分成若干个构件量，下面以首层为例将每一块进行分解成构件。

（1）围护结构包括的构件

围护结构包括的构件如图 1-5 所示。

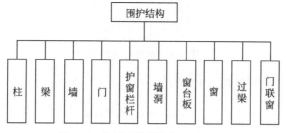

图 1-5　首层围护结构包括的构件

（2）顶部结构包括的构件

顶部结构包括的构件如图 1-6 所示。

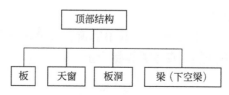

图 1-6　首层顶部结构包括的构件

（3）室内结构包括的构件

室内结构包括的构件如图 1-7 所示。其中楼梯、水池、化验台属于复合构件，需要再往下进行分解，直到能算量为止。

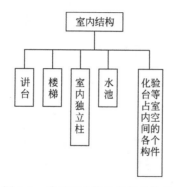

图 1-7　首层室内结构包括的构件

楼梯包含的构件类别如图 1-8 所示。

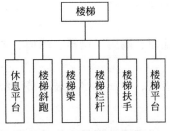

图 1-8　楼梯包括的构件

水池包含的构件类别如图 1-9 所示。

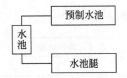

图 1-9　水池包括的构件

化验台包含的构件类别如图 1-10 所示。

图 1-10　化验台包括的构件

（4）室外结构包括的构件

室外结构包括的构件如图 1-11 所示。其中飘窗、坡道、台阶、阳台、雨篷和挑檐属于复合构件，需要再进行往下分解，直到能算量为止。

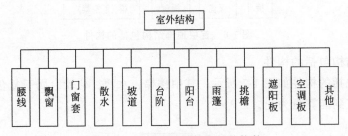

图 1-11　首层室外结构包括的构件

飘窗包含的构件类别如图 1-12 所示。

图 1-12　飘窗包括的构件

坡道包含的构件类别如图 1-13 所示。

图 1-13　坡道包括的构件

台阶包含的构件类别如图 1-14 所示。

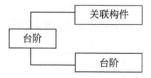

图 1-14　台阶包括的构件

阳台包含的构件类别如图 1-15 所示。

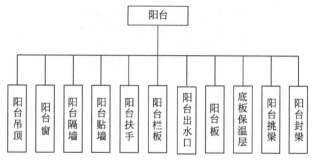

图 1-15　阳台包括的构件

雨篷包含的构件类别如图 1-16 所示。

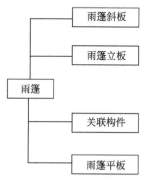

图 1-16　雨篷包括的构件

挑檐包含的构件类别如图 1-17 所示。

（5）室内装修包括的构件

室内装修包括的构件如图 1-18 所示。

（6）室外装修包括的构件

室外装修包括的构件如图 1-19 所示。

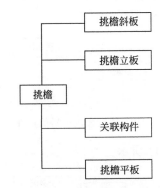

图 1-17　挑檐包括的构件

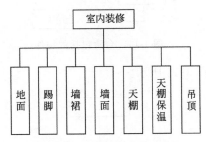

图 1-18　室内装修包括的构件

图 1-19　室外装修包括的构件

6. 建筑物工程量列项

通过前面的讲解，我们已经把建筑物分解到构件级别，但是仍不能根据《房屋建筑与装饰工程计量规范》和《建筑工程装饰工程预算定额》计算每一类构件的工程量，这时要根据《房屋建筑与装饰工程计量规范》和《建筑工程装饰工程预算定额》同时思考以下五个问题来进行工程量列项：

（1）查看图纸中每一类构件包含哪些具体构件；

（2）这些具体构件有什么属性；

（3）这些具体构件应该套什么清单分项或定额分项；

（4）清单或者定额分项的工程量计量单位是什么；

（5）计算规则是什么。

第二章　首层工程量手工计算

☞ **能力目标：**

　　掌握首层构件清单工程量和其对应的计价工程量计算规则，并根据这些则手工计算各构件的工程量。

　　现在开始计算某造价咨询有限公司办公楼的图形工程量，从图纸建筑设计说明中的工程概况可知：三层框架结构，建筑面积：153.54m²，檐高8.25m。按照手工习惯，应该从基础层开始算起。本书为了配合软件对量，从首层开始算起，其实对于每一层来讲，手工计算也没有严格的顺序，只要不漏项、不算错，从哪里开始计算都没有关系。但是对于初学者来讲，为了不漏项、不重项，对于每一层各种构件的工程量计算最好还是根据理论部分中讲解的分块、分构件来列项计算。下面根据图纸，按照首层六大块分类来计算各个构件的工程量。

第一节　围护结构的工程量计算

一、柱的工程量计算

（一）布置任务

　　1. 根据图纸对首层柱进行列项（要求细化到工程量级别，即列出的分项能在清单中找出相应的编码，比如柱要列出柱的混凝土清单项以及其模板清单项等）

　　2. 总结不同种类柱的各种清单、定额工程量计算规则

　　3. 计算首层所有柱的清单、定额工程量

（二）内容讲解

1. 现浇混凝土柱及其模板的清单工程工作内容及清单工程量计算规则

（1）现浇混凝土柱

工作内容包括：混凝土制作、运输、浇筑、振捣、养护。

根据图纸，其清单工程工程量按设计图示尺寸以体积计算［根据图纸，该框架结构为有梁板，其柱高应自柱基上表面（或楼板上表面）至上一层楼板上表面之间的高度计算］。

☞ **温馨提示:**

在 GB 50854—2013 的附录 E 中，现浇混凝土及钢筋混凝土实体工程项目"工作内容"中增加了模板及支架的内容，同时又在措施项目中单列了现浇混凝土模板及支架工程项目。由于本书将模板及支架工程单列了，所以所有混凝土及钢筋混凝土实体项目中的工作内容就不包含模板及支架工程了。

（2）现浇混凝土柱模板

工作内容包括：模板制作；模板安装、拆除、整理堆放及场内外运输；清理模板粘结物及模内杂物、刷隔离剂等。

根据图纸，其清单工程工程量按模板与混凝土构件的接触面积计算。

2. 现浇混凝土柱及其模板的定额工程工作内容及定额工程量计算规则

根据图纸及定额有关规定，现浇混凝土柱及其模板的定额工程工作内容及定额工程量计算规则与清单工程相同。

（三）完成任务

首层框架柱的工程量计算见表 2-1。

表 2-1 框架柱工程量计算表 （参考结施-01 和结施-03）

构件名称	算量类别	项目编码	项目名称	项目特征	计算公式	工程量	单位
KZ1-500×500	清单	010502001	矩形柱	C30 预拌混凝土	柱截面面积×柱高×数量	3.6	m³
	定额	子目 1	矩形柱体积	C30 预拌混凝土	同上	3.6	m³
	清单	011702002	矩形柱	普通模板	柱周长×柱高×数量	28.8	m²
	定额	子目 1	框架柱模板面积	普通模板	同上	28.8	m²
		子目 2	框架柱超高模板面积	普通模板	柱周长×超高高度×数量	3.2	m²

续表

构件名称	算量类别	项目编码	项目名称	项目特征	计算公式	工程量	单位
KZ2-400×500	清单	010502001	矩形柱	C30 预拌混凝土	柱截面面积×柱高×数量	2.88	m³
	定额	子目1	矩形柱体积	C30 预拌混凝土	同上	2.88	m³
	清单	011702002	矩形柱	普通模板	柱周长×柱高×数量	25.92	m²
	定额	子目1	框架柱模板面积	普通模板	同上	25.92	m²
	定额	子目2	框架柱超高模板面积	普通模板	柱周长×超高高度×数量	2.88	m²
KZ3-400×400	清单	010502001	矩形柱	C30 预拌混凝土	柱截面面积×柱高×数量	1.152	m³
	定额	子目1	矩形柱体积	C30 预拌混凝土	同上	1.152	m³
	清单	011702002	矩形柱	普通模板	柱周长×柱高×数量	11.52	m²
	定额	子目1	框架柱模板面积	普通模板	同上	11.52	m²
	定额	子目2	框架柱超高模板面积	普通模板	柱周长×超高高度×数量	1.28	m²
TZ1-300×200	清单	010502001	矩形柱	C20 预拌混凝土	柱截面面积×柱高×数量	0.216	m³
	定额	子目1	矩形柱体积	C20 预拌混凝土	同上	0.216	m³
	清单	011702002	矩形柱	普通模板	柱周长×柱高×数量	3.6	m²
	定额	子目1	模板面积	普通模板	同上	3.6	m²

二、梁的工程量计算

(一) 布置任务

1. 根据图纸对首层梁进行列项（要求细化到工程量级别，即列出的分项能在清单中找出相应的编码，比如梁要列出梁的混凝土清单项及其模板清单项等）

2. 总结不同种类梁的各种清单、定额工程量计算规则

3. 计算首层所有梁的清单、定额工程量

（二）内容讲解

1. 现浇混凝土梁及其模板的清单工程工作内容及清单工程量计算规则

（1）现浇混凝土梁

其工作内容及清单工程量计算规范同现浇混凝土柱。

（2）现浇混凝土梁模板

其工作内容及清单工程量计算规范同现浇混凝土柱模板。

2. 现浇混凝土梁及其模板的定额工程工作内容及定额工程量计算规则

根据图纸及定额有关规定，现浇混凝土过梁及其模板的定额工程工作内容及定额工程量计算规则与清单工程相同。

（三）完成任务

首层框架梁的工程量计算见表 2-2。

表 2-2 框架梁工程量计算表（参考结施-04 和结施-08）

构件名称	算量类别	项目编码	项目名称	项目特征	计算公式	工程量	单位
KL1-370×500	清单	010505001	有梁板（框架梁）	C30 预拌混凝土	梁截面面积×梁净长	2.146	m³
	定额	子目 1	有梁板（框架梁）	C30 预拌混凝土	同上	2.146	m³
	清单	011702014	有梁板（框架梁）	普通模板	梁净长×（梁截面宽＋梁截面高×2）－板模板面积	14.963	m²
	定额	子目 1	框架梁模板面积	普通模板	同上	14.963	m²
	定额	子目 2	框架梁超高模板面积	框架梁超高模板面积	梁净长×（梁截面宽＋梁截面高×2）－板模板面积	8.351	m²
KL2-370×500	清单	010505001	有梁板（框架梁）	C30 预拌混凝土	梁截面面积×梁净长×数量	2.146	m³
	定额	子目 1	有梁板（框架梁）	C30 预拌混凝土	同上	2.146	m³
	清单	011702014	有梁板（框架梁）	框架梁模板面积	［梁净长×（梁截面宽＋梁截面高×2）－板模板面积］×数量	14.5	m²
	定额	子目 1	有梁板（框架梁）	框架梁模板面积	同上	14.5	m²
	定额	子目 2	有梁板（框架梁）	框架梁超高模板面积	梁净长×（两侧超高高度－板厚）×数量	7.888	m²

续表

构件名称	算量类别	项目编码	项目名称	项目特征	计算公式	工程量	单位
KL3-370×500	清单	010505001	有梁板（框架梁）	C30预拌混凝土	梁截面面积×梁净长	2.146	m³
	定额	子目1	有梁板（框架梁）	C30预拌混凝土	同上	2.146	m³
	清单	011702014	有梁板（框架梁）	普通模板	梁净长×（梁截面宽＋梁截面高×2）－板模板面积	13.91	m²
	定额	子目1	框架梁模板面积	普通模板	同上	13.91	m²
		子目2	框架梁超高模板面积	普通模板	梁净长×（两侧超高高度－板厚）－阳台板模板面积	7.298	m²
KL4-240×500	清单	010505001	有梁板（框架梁）	C30预拌混凝土	梁截面面积×梁净长×数量	1.296	m³
	定额	子目1	有梁板（框架梁）	C30预拌混凝土	同上	1.296	m³
	清单	011702014	有梁板（框架梁）	框架梁模板面积	②轴模板［梁净长×（梁截面宽＋梁截面高×2）－梁板相交面积］	5.439	m²
					④轴模板［梁净长×（梁截面宽＋梁截面高×2）－梁板相交面积］	5.634	
	定额	子目1	框架梁模板面积	普通模板	同清单梁汇总	11.073	m²
		子目2	框架梁超高模板面积	普通模板	②轴超高模板［梁净长×（两侧超高高度－板厚）－板超高模板面积］	3.063	m²
					④轴超高模板［梁净长×（两侧超高高度－板厚）－板超高模板面积］	3.258	m²

续表

构件名称	算量类别	项目编码	项目名称	项目特征	计算公式	工程量	单位
KL5-240×500	清单	010505001	有梁板(框架梁)	普通模板	梁截面面积×梁净长	0.708	m³
	定额	子目1	有梁板(框架梁)	C30预拌混凝土	同上	0.708	m³
	清单	011702014	有梁板(框架梁)	框架梁模板面积	梁净长×(梁截面宽+梁截面高×2)－梁板相交面积	6.363	m²
	定额	子目1	有梁板(框架梁)	框架梁模板面积	同上	6.363	m²
		子目2	有梁板(框架梁)	框架梁超高模板面积	梁净长×(两侧超高高度－板厚)－板超高模板面积	3.767	m²
L1-240×400	清单	010505001	有梁板(非框架梁)	C30预拌混凝土	梁截面面积×梁净长	0.2074	m³
	定额	子目1	有梁板(非框架梁)	C30预拌混凝土	同上	0.2074	m³
	清单	011702014	有梁板(非框架梁)	普通模板	梁净长×(梁截面宽+梁截面高×2)－梁板相交面积	1.8144	m²
	定额	子目1	非框架梁模板面积	普通模板	同上	1.8144	m²
		子目2	非框架梁超高模板面积	普通模板	(梁截面周长－梁宽)×超高部分	1.296	m²

三、门的工程量计算

(一)布置任务

1. 根据图纸对首层门进行列项(要求细化到工程量级别,即列出的分项能在清单中找出相应的编码,比如门要列出不同材质的门制安、油漆及门锁等)

2. 总结不同种类门的各种清单、定额工程量计算规则

3. 计算首层所有门的清单、定额工程量

（二）内容讲解

1. 门的清单工程工作内容及工程量计算规则

由建施-01可知，首层门包括木质门和铝合金门两种。

清单规范中木门的工作内容包括：门安装、玻璃安装、五金安装，其清单工程量按设计图示洞口尺寸以面积计算。

木门锁的安装按设计图示数量以套计算。

木门的油漆包括基层清理、刮腻子、刷防护材料、油漆，其清单工程量按设计图示洞口尺寸以面积计算。

铝合金门的工作内容包括门安装、五金安装，其清单工程量按设计图示洞口尺寸以面积计算。

2. 门的定额工程量计算规则

预算定额中门的工作内容包括：门框、扇的制作、安装，刷防腐油，安玻璃及小五金，周边塞缝等。其定额工程量也是按洞口面积以平方米计算。

（三）完成任务

首层门的工程量计算见表2-3。

表2-3　门工程量计算表（参考建筑设计总说明和建施-01）

构件名称	算量类别	项目编码	项目名称	项目特征	计算公式	工程量	单位
M2739	清单	010802001	金属（塑钢）门	3900×2700 铝合金 90 系列双扇推拉门	门宽×门高	10.53	m²
	定额	子目1	铝合金 90 系列双扇推拉门	双扇推拉门	同上	10.53	m²
		子目2	水泥砂浆后塞口	后塞口	同上	10.53	m²
M0924	清单	010801001	木质门	900×2400 装饰门	门宽×门高×数量	4.32	m²
	定额	子目1	装饰门	900×2400 装饰门	同上	4.32	m²
		子目2	水泥砂浆后塞口	后塞口	同上	4.32	
M0921	清单	010801001	木质门	900×2100 装饰门	门宽×门高×数量	3.78	m²
	定额	子目1	装饰门	900×2100 装饰门	同上	3.78	m²
		子目2	水泥砂浆后塞口	后塞口	同上	3.78	m²

四、窗的工程量计算

（一）布置任务

1. 根据图纸对首层窗进行列项（要求细化到工程量级别，即列出的分项能在清单中找

出相应的编码，比如窗要列出不同材质的窗安装等）

2. 总结不同种类窗的各种清单、定额工程量计算规则

3. 计算首层所有窗的清单、定额工程量

（二）内容讲解

1. 窗的清单工程工作内容及工程量计算规则

由建施-01可知，首层窗均为塑钢窗。

塑钢窗的工作内容包括：窗安装；五金、玻璃安装。

根据图纸，其清单工程量应以平方米计量，按设计图示洞口尺寸以面积计算。

2. 窗的定额工程量计算规则

预算定额中窗的工作内容包括：窗的制作、运输、后塞口等。其定额工程量也是按洞口面积以平方米计算。

（三）完成任务

首层窗的工程量计算见表2-4。

表2-4 窗工程量计算表（参考建筑设计总说明和建施-01）

构件名称	算量类别	项目编码	项目名称	项目特征	计算公式	工程量	单位
C-1	清单	010807001	金属（塑钢）窗	1500×1800 塑钢推拉窗	窗宽×窗高×数量	10.8	m²
	定额	子目1	铝合金90系列双扇推拉门	双扇推拉门	同上	10.8	m²
		子目2	水泥砂浆后塞口	后塞口	同上	10.8	m²
C-2	清单	010807001	金属（塑钢）窗	1800×1800 塑钢推拉窗	窗宽×窗高	3.24	m²
	定额	子目1	铝合金90系列双扇推拉门	双扇推拉门	同上	3.24	m²
		子目2	水泥砂浆后塞口	后塞口	同上	3.24	m²

五、构造柱的工程量计算

（一）布置任务

1. 根据图纸对首层构造柱进行列项（要求细化到工程量级别，即列出的分项能在清单中找出相应的编码，比如构造柱要列出的混凝土清单项及其模板清单项等）

2. 总结不同种类构造柱的各种清单、定额工程量计算规则

3. 计算首层所有构造柱的清单、定额工程量

（二）内容讲解

1. 现浇混凝土构造柱及其模板的清单工程工作内容及清单工程量计算规则

（1）现浇混凝构造柱

其工作内容及清单工程量计算规范同现浇混凝土柱。

（2）现浇混凝土构造柱模板

其工作内容及清单工程量计算规范同现浇混凝土柱模板。

2. 现浇混凝土构造柱及其模板的定额工程工作内容及定额工程量计算规则

根据图纸及定额有关规定，现浇混凝土构造柱及其模板的定额工程工作内容及定额工程量计算规则与清单工程相同。

（三）完成任务

首层现浇混凝土构造柱的工程量计算见表 2-5。

表 2-5 构造柱工程量计算表（参考结施-02）

构件名称	算量类别	项目编码	项目名称	项目特征	计算公式	工程量	单位
GZ-370×370	清单	010502002	构造柱	C20 预拌混凝土	（构造柱截面面积×构造柱净高＋马牙槎）×数量	0.9864	m³
	定额	子目 1	构造柱体积	C20 预拌混凝土	同上	0.9864	m³
	清单	011702003	构造柱	普通模板	（构造柱周长×构造柱净高＋马牙槎－砌块墙重合面积）×数量	6.076	m²
	定额	子目 1	构造柱模板面积	普通模板	同上	6.076	m²
GZ-240×370	清单	010502002	构造柱	C20 预拌混凝土	构造柱截面面积×构造柱净高＋马牙槎	0.3671	m³
	定额	子目 1	构造柱体积	C20 预拌混凝土	同上	0.3671	m³
	清单	011702003	构造柱	普通模板	构造柱周长×构造柱净高＋马牙槎－砌块墙重合面积	1.872	m²
	定额	子目 1	构造柱模板面积	普通模板	同上	1.872	m²
GZ-240×240	清单	010502002	构造柱	C20 预拌混凝土	构造柱截面面积×构造柱净高＋马牙槎	0.24626	m³
	定额	子目 1	构造柱体积	C20 预拌混凝土	同上	0.24626	m³

续表

构件名称	算量类别	项目编码	项目名称	项目特征	计算公式	工程量	单位
GZ-240×240	清单	011702003	构造柱	普通模板	构造柱周长×构造柱净高＋马牙槎－砌块墙重合面积－过梁重合面积	1.872	m²
	定额	子目1	构造柱模板面积	普通模板	同上	1.872	m²

六、过梁的工程量计算

（一）布置任务

1. 根据图纸对首层过梁进行列项（要求细化到工程量级别，即列出的分项能在清单中找出相应的编码，比如过梁要列出的混凝土清单项及其模板清单项等）

2. 总结不同种类过梁的各种清单、定额工程量计算规则

3. 计算首层所有过梁的清单、定额工程量

（二）内容讲解

1. 现浇混凝土过梁及其模板的清单工程工作内容及清单工程量计算规则

（1）现浇混凝土过梁

其工作内容及清单工程量计算规范同现浇混凝土柱。

（2）现浇混凝土过梁模板

其工作内容及清单工程量计算规范同现浇混凝土柱模板。

2. 现浇混凝土过梁及其模板的定额工程工作内容及定额工程量计算规则

根据图纸及定额有关规定，现浇混凝土过梁及其模板的定额工程工作内容及定额工程量计算规则与清单工程相同。

（三）完成任务

首层现浇混凝土过梁的工程量计算见表2-6。

表 2-6　过梁工程量计算表（参考结施-02）

构件名称	算量类别	项目编码	项目名称	项目特征	计算公式	工程量	单位
GL-100	清单	010503005	过梁	C20预拌混凝土	(M-3)上过梁体积＋(M-2)上过梁体积－构造柱体积	0.1147	m³
	定额	子目1	过梁体积	C20预拌混凝土	同上	0.1147	m³

构件名称	算量类别	项目编码	项目名称	项目特征	计算公式	工程量	单位
GL-100	清单	011702009	过梁	普通模板	(M-3)上过梁＋(M-2)上过梁	1.748	m²
	定额	子目1	过梁模板面积	普通模板	同上	1.748	m²
GL-200	清单	010503005	过梁	C20预拌混凝土	过梁截面面积×过梁净长	0.7622	m³
	定额	子目1	过梁体积	C20预拌混凝土	同上	0.7622	m³
	清单	011702009	过梁	普通模板	(C-1)上×数量＋(C-2)上	7.006	m²
	定额	子目1	过梁模板面积	普通模板	同上	7.006	m²
GL-400	清单	010503005	过梁	C20预拌混凝土	过梁截面面积×过梁净长	0.6512	m³
	定额	子目1	过梁体积	C20预拌混凝土	同上	0.6512	m³
	清单	011702009	过梁	普通模板	(梁截面周长－梁宽)×梁净长－非框架梁L1所占面积	4.963	m²
	定额	子目1	过梁模板面积	普通模板	同上	4.963	m²

七、砌块墙的工程量计算

（一）布置任务

1. 根据图纸对首层砌块墙进行列项（要求细化到工程量级别，即列出的分项能在清单中找出相应的编码，比如梁要列出砌块墙等）

2. 总结不同厚度砌块墙的各种清单、定额工程量计算规则

3. 计算首层所有砌块墙的清单、定额工程量

（二）内容讲解

1. 砌体墙的清单工程工作内容及工程量计算规则

工作内容包括：砂浆制作、运输；砌砖；刮缝；砖压顶砌筑；材料运输。

根据图纸，砌体积应扣除门窗、洞口、嵌入墙内的钢筋混凝土柱、梁、圈梁及过梁所占的体积，按设计图示尺寸以体积计算。

2. 砌体墙的定额工程量计算规则

根据图纸及定额有关规定，砌体墙的定额工程量计算规则与清单工程量计算规则相同。

（三）完成任务

首层砌体墙的工程量计算见表 2-7。

表 2-7　砌块墙工程量计算表（参考建施-01）

构件名称	算量类别	项目编码	项目名称	项目特征	计算公式	工程量	单位
外墙 370	清单	010401003	实心砖墙（外墙）	M5 水泥砂浆页岩砖	墙净长×墙厚×墙净高（层高－框架梁高）	39.3762	m³
	定额	子目1	370 页岩砖墙体积	M5 水泥砂浆页岩砖	同上	39.3762	m³
内墙 240	清单	体积	实心砖墙（内墙）	M5 水泥砂浆页岩砖	墙净长×墙厚×墙净高（层高－框架梁高）	14.0837	m³
	定额	子目1	240 页岩砖墙体积	M5 水泥砂浆页岩砖	同上	14.0837	m³

第二节　顶部结构工程量计算

平板的工程量计算：由于首层的顶部结构只有板，所以只需要对板进行计算即可。

（一）布置任务

1. 根据图纸对首层平板进行列项（要求细化到工程量级别，即列出的分项能在清单中找出相应的编码，比如梁要列出平板的混凝土清单项及其模板清单项等）

2. 总结不同厚度平板的各种清单、定额工程量计算规则

3. 计算首层所有平板的清单、定额工程量

（二）内容讲解

1. 现浇混凝土平板及其模板的清单工程工作内容及工程量计算规则

（1）平板

工作内容同现浇混凝土剪力墙。

其清单工程量按设计图示尺寸以体积计算，不扣除单个面积≤0.3m² 的柱、垛及孔洞所占体积，该图纸应以剪力墙之间的净面积乘以板厚计算。

（2）平板模板

其工作内容及清单工程量计算规范同现浇混凝土剪力墙模板。

2. 现浇混凝土平板的定额工程量计算规则

根据图纸及定额有关规定，现浇混凝土平板及其模板的定额工程量计算规则与清单工程量计算规则相同。

（三）完成任务

首层现浇混凝土平板的工程量计算见表 2-8。

表 2-8　板工程量计算表（参考结施-05 和结施-08）

构件名称	算量类别	项目编码	项目名称	项目特征	位置	计算公式	工程量	单位
XB-100	清单	010505001	有梁板（现浇板）	C30 预拌混凝土	2-3/B-C	板净面积×板厚	0.33696	m³
	定额	子目1	有梁板（现浇板）	C30 预拌混凝土		同上	0.337	m³
	清单	11702014	有梁板（现浇板）	普通模板		板底部净面积－柱所在占面积	3.3527	m²
	定额	子目1	现浇板模板面积	普通模板		同上	3.3527	m²
		子目2	现浇板超高模板面积	普通模板		板底部净面积－柱所在占面积	3.3527	m²
XB-120	清单	010505001	有梁板（现浇板）	C30 预拌混凝土	1-2/A-C、4-5/A-C	板净面积×板厚×数量	4.45	m³
	定额	子目1	有梁板（现浇板）	C30 预拌混凝土		同上	4.45	m³
	清单	11702014	有梁板（现浇板）	普通模板		（板底部净面积－柱突出梁部分面积）×数量	36.914	m²
	定额	子目1	现浇板模板面积	普通模板		同上	36.914	m²
		子目2	现浇板超高模板面积	普通模板		同上	36.914	m²
	清单	010505001	有梁板（现浇板）	C30 预拌混凝土	2-3/A-B	板净面积×板厚－柱所占体积	2.6616	m³
	定额	子目1	有梁板（现浇板）	C30 预拌混凝土		同上	2.6616	m³
	清单	11702014	有梁板（现浇板）	普通模板		板底部净面积－柱所在占面积	22.146	m²
	定额	子目1	现浇板模板面积	普通模板		同上	22.146	m²
		子目2	现浇板超高模板面积	普通模板		同上	22.146	m²

构件名称	算量类别	项目编码	项目名称	项目特征	位置	计算公式	工程量	单位
YXB-100	清单	010505001	有梁板(现浇板)	C30 预拌混凝土	2-3/B-C	板净面积×板厚	0.7632	m³
	定额	子目1	有梁板(现浇板)	C30 预拌混凝土		同上	0.7632	m³
	清单	11702014	有梁板(现浇板)	普通模板		板底部净面积	7.632	m²
	定额	子目1	现浇板模板面积	普通模板		同上	7.632	m²
		子目2	现浇板超高模板面积	普通模板		同上	同上	m²
楼梯平台板-100	清单	010505001	有梁板(楼梯平台板)	C30 预拌混凝土	3-4/B-C	板净面积×板厚	0.1577	m³
	定额	子目1	有梁板(楼梯平台板)	C30 预拌混凝土		同上	0.1577	m³
	清单	11702014	有梁板(楼梯平台板)	普通模板		板底部净面积	1.5768	m²
	定额	子目1	楼梯平台板模板面积	普通模板		同上	1.5768	m²
		子目2	楼梯平台板超高模板面积	普通模板		同上	1.5768	m²

第三节 室内结构工程量计算

现浇混凝土楼梯的工程量计算如下。

(一) 布置任务

1. 根据图纸对首层现浇混凝土楼梯进行列项(要求细化到工程量级别,即列出的分项能在清单中找出相应的编码,比如楼梯要列出的混凝土清单项、模板清单项及楼梯装修等)

2. 总结楼梯的各种清单、定额工程量计算规则

3. 计算首层所有楼梯的清单、定额工程量

(二) 内容讲解

1. 现浇混凝土楼梯的各种清单工程工作内容及工程量计算规则

(1) 梯柱及其模板

工作内容及清单计算规则与现浇混凝土框架柱柱相同。

（2）楼梯及其模板

工作内容与现浇混凝土框架柱相同。

清单工程量均按设计图示尺寸以水平投影面积计算。不扣除宽度≤500mm的楼梯井，伸入墙内部分不计算。

☞ **温馨提示：**

楼梯模板是按照投影面积计算，这样楼梯的踏步、踏步板平台梁等侧面模。

（3）楼梯的面层

根据图纸楼梯面层的工作内容包括基层清理；抹找平层；面层铺贴、磨边；勾缝；材料运输等。

其清单工程量计算规则同楼梯及其模板的计算规则。

（4）楼梯底面天棚抹灰

工作内容包括基层清理；底层抹灰和抹面层。其清单工程量按斜面积计算。

☞ **温馨提示：**

斜面积＝水平投影面积×斜度系数（1.14）

2. 现浇混凝土楼梯各种定额工程量计算规则

梯柱及其模板、楼梯及其模板、楼梯的面层定额工程量计算规则与清单工程量计算规则相同。根据楼梯天棚抹灰包括的工作内容，应该计算以下两个定额工程量：天棚抹灰和天棚涂料。二者定额工程量计算规则均与清单天棚抹灰相同。

（三）完成任务

首层现浇混凝土楼梯的工程量计算见表2-9。

表 2-9　楼梯工程量计算表（参考结施-08）

构件名称	算量类别	项目编码	项目名称	项目特征	计算公式	工程量	单位
TZ1-300×200	清单	010502001	矩形柱	C20 预拌混凝土	柱截面面积×柱高×数量	0.216	m³
	定额	子目1	矩形柱体积	C20 预拌混凝土	同上	0.216	m³
	清单	011702002	矩形柱	普通模板	柱周长×柱高×数量	3.6	m²
	定额	子目1	模板面积	普通模板	同上	3.6	m²

构件名称	算量类别	项目编码	项目名称	项目特征	计算公式	工程量	单位
楼梯	清单	010506001	直行楼梯	C20预拌混凝土楼梯	楼梯净长×楼梯净宽	7.6248	m²
	定额	子目1	现浇混凝土楼梯投影面积	C20预拌混凝土楼梯	同上	7.6248	m²
	清单	011702024	楼梯	普通模板	同上	7.6248	m²
	定额	子目1	现浇混凝土楼梯模板面积	普通模板	同上	7.6248	m²
	清单	011106002	块料楼梯面层	1. 5厚铺800×800×10瓷砖,白水泥擦缝 2. 20厚1:4干硬性水泥砂浆黏结层 3. 素水泥结合层一道 4. 20厚1:3水泥砂浆找平 5. 50厚C15混凝土垫层 6. 150厚3:7灰土垫层	同上	7.6248	m²
	定额	子目1	块料楼梯面层		同上	7.6248	m²
	清单	011301001	天棚抹灰	1. 抹灰面刮两遍仿瓷涂料 2. 2厚1:2.5纸筋灰罩面 3. 10厚1:1:4混合砂浆打底 4. 刷素水泥浆一遍(内掺建筑胶)	楼梯净长×楼梯净宽×斜度系数	9.165	m²
	定额	子目1	现浇混凝土楼梯投影面积		同上	9.165	m²
		子目2	现浇混凝土楼梯投影面积		同上	9.165	m²

第四节 室外结构工程量计算

本工程的室外结构主要有台阶、散水等。

一、现浇混凝土台阶的工程量计算

(一)布置任务

1. 根据图纸对首层现浇混凝土台阶进行列项(要求细化到工程量级别,即列出的分项

能在清单中找出相应的编码，比如台阶要列出的混凝土清单项及其模板清单项等）

2. 总结台阶的各种清单、定额工程量计算规则

3. 计算首层室外台阶的清单、定额工程量

（二）内容讲解

1. 现浇混凝土台阶各种清单工程工作内容及工程量计算规则

工作内容与现浇混凝土柱相同。

根据图纸，台阶清单工程量应以平方米计量，按设计图示尺寸水平投影面积计算。

其模板的清单工程量按图示台阶尺寸的水平投影面积计算，台阶端头两侧不另计算模板面积。

2. 现浇混凝土台阶各种定额工程量计算规则

根据图纸，台阶的定额工程量应按水平投影面积计算，定额中不包括垫层及面层，应分别按相应定额执行。当台阶与平台连接时，其分界线应以最上层踏步外沿加300mm计算。平台按相应地面定额计算。

其模板计价工程量计算规则与模板清单工程量计算规则相同。

（三）完成任务

首层现浇混凝土台阶的工程量计算见表2-10。

表 2-10　台阶工程量计算表（参考建施-01）

构件名称	算量类别	项目编码	项目名称	项目特征	计算公式	工程量	单位
台阶	清单	010507004	台阶	C15碎石混凝土台阶	台阶净长×台阶净宽－台阶地面净面积	6.39	m²
	定额	子目1	碎石混凝土台阶	100mmC15碎石混凝土台阶	同上	6.39	m²
		子目2	台阶垫层	300厚3:7灰土垫层	台阶水平投影面积×垫层厚度	0.8115	m³
	清单	11702027	台阶	普通模板	同上	6.39	m²
	定额	子目1	台阶模板面积	普通模板	同上	6.39	m²
台阶装修	清单	11107004	水泥砂浆台阶面	20mm 1:2.5水泥砂浆	同上	6.39	m²
	定额	子目1	20mm 1:2.5水泥砂浆面层	20mm 1:2.5水泥砂浆	同上	6.39	m²
台阶地面	清单	11101001	水泥砂浆楼地面	20mm 1:2.5水泥砂浆面层	台阶地面净长×台阶地面净宽	2.73	m²
	定额	子目1	水泥砂浆面层	20mm 1:2.5	同上		m²

续表

构件名称	算量类别	项目编码	项目名称	项目特征	计算公式	工程量	单位
台阶地面	定额	子目 2	100mmC15碎石混凝土垫层	100mmC15	台阶地面净面积×垫层厚度	0.273	m³
		子目 3	3：7灰土垫层	300 厚	台阶地面净面积×垫层厚度	0.819	m³

二、现浇混凝土散水的工程量计算

（一）布置任务

1. 根据图纸对首层现浇混凝土散水进行列项（要求细化到工程量级别，即列出的分项能在清单中找出相应的编码，比如散水要列出的混凝土清单项等）

2. 总结散水的各种清单、定额工程量计算规则

3. 计算首层室外散水的清单、定额工程量

（二）内容讲解

1. 现浇混凝土散水清单工程工作内容及工程量计算规则

工作内容包括地基夯实；铺设垫层；混凝土制作、运输、浇筑、振捣、养护；变形缝填塞。

根据图纸，散水清单工程量按设计图示尺寸以水平投影面积计算，散水伸缩缝按实际伸缩缝长度计算。

2. 现浇混凝土散水定额工程量计算规则

根据图纸，散水定额工程量按水平投影面积计算，定额中不包括垫层及面层，应分别按相应定额执行。散水伸缩缝按实际伸缩缝长度计算。

（三）完成任务

首层现浇混凝土散水的工程量计算见表 2-11。

表 2-11　散水工程量计算表（参考建施-01）

构件名称	算量类别	项目编码	项目名称	项目特征	计算公式	工程量	单位
散水	清单	10507001	散水、坡道	80mm C15碎石混凝土散水	散水净长×散水宽度	22.26	m²
	定额	散水面层面积 子目 1	1：1水泥砂浆面层一次抹光		同上	22.26	m²
		子目 2		80mm C15碎石混凝土散水	散水面积×厚度	1.3356	m³

续表

构件名称	算量类别	项目编码	项目名称	项目特征	计算公式	工程量	单位
散水	定额	子目3	散水面层面积	沥青砂浆贴墙伸缩缝长度	贴墙长度－与台阶相交部分	34.7	m
		子目4		素土夯实	同散水面积	22.26	m²
散水伸缩缝	清单	B-001	散水伸缩缝长度	沥青砂浆	拐角处＋超过6m隔断处＋与台阶相交处	6.9936	m
	定额	子目1	拐角处		散水宽度×$\sqrt{2}$×4	3.3936	m
		子目2	超过6m隔断处		散水宽度×4	2.4	m
		子目3	与台阶相邻处		散水与台阶相交宽度×数量	1.2	m

☞ **温馨提示：**

散水工程量计算参考建施-01，其中由图纸可以看出A-C轴线之间长度超过6m，①-⑤轴之间长度超过6m且超过12m，因此共有4个超过6m的隔断（其中$\sqrt{2}$近似取值1.414）。

第五节　室内装修工程量计算

室内装修我们分房间来计算，从建施-04可以看出，首层房间有楼梯间、接待室、办公室、财务处、卫生间，下面分别计算。

一、首层楼梯间楼室内装修工程量计算

（一）布置任务

1. 根据图纸对首层楼梯间进行列项（要求细化到工程量级别，即列出的分项能在清单中找出相应的编码，比如楼梯间地面装修、墙面装修、天棚装修等清单项等）
2. 总结楼梯间装修的各种清单、定额工程量计算规则
3. 计算首层楼梯间位置装修的清单、定额工程量

（二）内容讲解

1. 楼梯间装修的各种清单工程工作内容及工程量计算规则

（1）块料楼地面的清单工程工作内容及工程量计算规则

工作内容包括基层处理；抹找平层；面层铺设、磨边；嵌缝；刷防护材料；磨光、酸

洗、打蜡；材料运输。

根据图纸，其清单工程量按设计图示尺寸以面积计算。门洞、空圈、暖气包槽、壁龛的开口部分并入相应的工程量内。

（2）块料踢脚线的清单工程工作内容及工程量计算规则

工作内容与块料楼地面工作内容相同。

根据图纸，其清单工程量以米计量，按延长米计算。

（3）墙面一般抹灰的清单工程工作内容及工程量计算规则

工作内容包括：基层清理；砂浆制作运输；底层抹灰；抹面层；抹装饰面；勾分隔缝。

根据图纸，其清单工程量按设计图示尺寸以面积计算。

（4）天棚抹灰的清单工程工作内容及工程量计算规则

工作内容包括：基层清理；底层抹灰；抹面层。

根据图纸，其清单工程量按设计图示尺寸以水平投影面积计算。

2. 楼梯间的各种定额工程量计算规则

根据图纸，其块料楼地面、块料踢脚线、墙面一般抹灰、天棚抹灰的定额计算规则与清单计算规则相同。

（三）完成任务

首层楼梯间装修的工程量计算见表 2-12。

表 2-12　楼梯间装修工程量计算表（参考建总-01 和建施-01）

算量类别	项目编码	项目名称	项目特征	计算公式	工程量	单位
清单	11102003	块料地面积	1. 5 厚铺 800×800×10 瓷砖，白水泥擦缝 2. 20 厚 1：4 干硬性水泥砂浆黏结层 3. 素水泥结合层一道 4. 20 厚 1：3 水泥砂浆找平 5. 50 厚 C15 混凝土垫层 6. 150 厚 3：7 灰土垫层	净长×净宽＋门开头面积/2－框架柱所占面积	9.2748	m²
定额	子目 1	5 厚铺 800×800×10 瓷砖		同上	9.2748	m²
	子目 2	20 厚 1：3 水泥砂浆找平		净长×净宽	9.2016	m²
	子目 3	50 厚 C15 混凝土垫层		净面积×厚度	0.4601	m³
	子目 4	150 厚 3：7 灰土垫层		净面积×厚度	1.3802	m³

续表

算量类别	项目编码	项目名称	项目特征	计算公式	工程量	单位
清单	11301001	天棚抹灰	1. 抹灰面刮两遍仿瓷涂料 2. 2厚1:2.5纸筋灰罩面 3. 10厚1:1:4混合砂浆打底 4. 刷素水泥浆一遍（内掺建筑胶）	净长×净宽	1.5768	m²
定额	子目1	抹灰面刮两遍仿瓷涂料		同上	1.5768	m²
	子目2	2厚1:2.5纸筋灰罩面		同上	1.5768	m²
	子目3	10厚1:1:4混合砂浆打底		同上	1.5768	m²
清单	11201001	墙面一般抹灰	1. 抹灰面刮两遍仿瓷涂料 2. 5厚1:2.5水泥砂浆找平 3. 9厚1:3水泥砂浆打底扫毛或划出纹道	净周长×净层高－门窗洞口面积＋门窗侧壁面积	41.74	m²
定额	子目1	抹灰面刮两遍仿瓷涂料		同上	41.74	m²
	子目2	底层抹灰水泥砂浆		净周长×净层高－门窗洞口面积	41.047	m²
清单	11105001	水泥砂浆踢脚线	1. 8厚1:2.5水泥砂浆罩面压实赶光 2. 8厚1:3水泥砂浆打底扫毛或划出纹道	（净周长－门宽）×踢脚高度	1.209	m²
定额	子目1	8厚1:2.5水泥砂浆罩面 8厚1:3水泥砂浆打底扫毛或划出纹		净周长－门所占宽度	12.09	m

☞ **温馨提示：**

　　楼梯间装修天棚抹灰工程量的计算只计算楼层平台板部分，其余部分计入楼梯。

二、首层接待室装修工程量计算

（一）布置任务

　　1. 根据图纸对首层接待室进行列项（要求细化到工程量级别，即列出的分项能在清单中找出相应的编码，比如接待室地面、墙面、墙裙及天棚装修的清单项等）

　　2. 总结首层接待室装修的各种清单、定额工程量计算规则

　　3. 计算首层接待室装修的清单、定额工程量

（二）内容讲解

（1）墙面装饰板的清单工程工作内容及工程量计算规则

工作内容包括：基层清理；龙骨制作、运输、安装；钉隔离层；基层铺钉；面层铺粘。根据图纸，其清单工程量应按设计图示墙净长乘净高以面积计算。

（2）其余各构件的清单工程量和定额工程量工作内容及计算规则与楼梯间装修的相应构件相同。

（三）完成任务

首层接待室装修的工程量计算见表 2-13。

表 2-13 接待室装修工程量计算表（参考建总-01 和建施-01）

算量类别	项目编码	项目名称	项目特征	计算公式	工程量	单位
清单	011102003	块料楼地面	1. 5 厚铺 800×800×10 瓷砖,白水泥擦缝 2. 20 厚 1：4 干硬性水泥砂浆黏结层 3. 素水泥结合层一道 4. 20 厚 1：3 水泥砂浆找平 5. 50 厚 C15 混凝土垫层 6. 150 厚 3：7 灰土垫层	净长×净宽－门开口面积/2－框架柱所占面积	23.985	m²
定额	子目 1	5 厚铺 800×800×10 瓷砖		同上	23.985	m²
	子目 2	20 厚 1：3 水泥砂浆找平		净长×净宽	22.18	m²
	子目 3	50 厚 C15 混凝土垫层		净面积×厚度	1.109	m³
	子目 4	150 厚 3：7 灰土垫层		净面积×厚度	3.3269	m³
清单	011301001	天棚抹灰	1. 抹灰面刮两遍仿瓷涂料 2. 2 厚 1：2.5 纸筋灰罩面 3. 10 厚 1：1：4 混合砂浆打底 4. 刷素水泥浆一遍(内掺建筑胶)	净长×净宽	22.18	m²
定额	子目 1	抹灰面刮两遍仿瓷涂料		同上	22.18	m²
	子目 2	2 厚 1：2.5 纸筋灰罩面		同上	22.18	m²
	子目 3	10 厚 1：1：4 混合砂浆打底		同上	22.18	m²

续表

算量类别	项目编码	项目名称	项目特征	计算公式	工程量	单位
清单	011201001	墙面一般抹灰	1. 抹灰面刮两遍仿瓷涂料 2. 5厚1：2.5水泥砂浆找平 3. 9厚1：3水泥砂浆打底扫毛或划出纹道	净周长×净层高－门窗洞口面积＋门窗侧壁面积	37.644	m²
定额	子目1	抹灰面刮两遍仿瓷涂料		同上		m²
	子目2	底层抹灰水泥砂浆		净周长×净层高－门窗洞口面积	34.963	m²
清单	011207001	墙面装饰板	1. 饰面油漆刮腻子、磨砂纸、刷底漆二遍,刷聚酯清漆二遍 2. 粘柚木饰面板 3. 3.12mm木质基层板 4. 木龙骨(断面30×40,间距300×300)	(周长－门洞口宽度)×1.2	16.284	m²
定额	子目1	饰面油漆刮腻子、磨砂纸、刷底漆二遍,刷聚酯清漆二遍		同上	16.284	m²
	子目2	粘柚木饰面板		同上	16.284	m²
	子目3	12mm木质基层板		同上	16.284	m²
	子目4	木龙骨(断面30×40,间距300×300)		同上	16.284	m²

三、首层办公室装修工程量计算

（一）布置任务

1. 根据图纸对首层办公室进行列项（要求细化到工程量级别，即列出的分项能在清单中找出相应的编码，比如办公室地面、墙面及天棚装修的清单项等）

2. 总结首层办公室装修的各种清单、定额工程量计算规则

3. 计算首层办公室装修的清单、定额工程量

（二）内容讲解

各构件的清单工程量和定额工程量工作内容及计算规则与楼梯间装修的相应构件相同。

（三）完成任务

首层办公室装修的工程量计算见表2-14。

表 2-14 办公室装修工程量计算表（参考建总-01 和建施-01）

算量类别	项目编码	项目名称	项目特征	计算公式	工程量	单位
清单	011102003	块料楼地面	1. 5 厚铺 300×300×10 瓷砖,白水泥擦缝 2. 20 厚 1:4 干硬性水泥砂浆黏结层 3. 1.5 厚聚合物水泥基防水涂料 4. 20 厚 1:3 水泥砂浆找平 5. 50 厚 C15 混凝土垫层 6. 150 厚 3:7 灰土垫层	净长×净宽＋门侧壁开口面积－凸出墙面柱面积	18.565	m²
定额	子目 1	5 厚铺 800×800×10 瓷砖		同上	18.565	m²
	子目 2	20 厚 1:3 水泥砂浆找平		净长×净宽	18.5436	m²
	子目 3	50 厚 C15 混凝土垫层		净面积×垫层厚度	0.9272	m³
	子目 4	150 厚 3:7 灰土垫层		净面积×垫层厚度	2.7815	m³
清单	011301001	天棚抹灰	1. 抹灰面刮两遍仿瓷涂料 2. 2 厚 1:2.5 纸筋灰罩面 3. 10 厚 1:1:4 混合砂浆打底 4. 刷素水泥浆一遍(内掺建筑胶)	净长×净宽	18.5436	m²
定额	子目 1	抹灰面刮两遍仿瓷涂料		同上	18.5436	m²
	子目 2	2 厚 1:2.5 纸筋灰罩面		同上	18.5436	m²
	子目 3	10 厚 1:1:4 混合砂浆打底		同上	18.5436	m²
清单	011201001	墙面一般抹灰	1. 抹灰面刮两遍仿瓷涂料 2. 5 厚 1:2.5 水泥砂浆找平 3. 9 厚 1:3 水泥砂浆打底扫毛或划出纹道	净周长×(净层高－踢脚高度)＋柱外露面积－门窗洞口面积＋门窗侧壁面积	57.824	m²
定额	子目 1	抹灰面刮两遍仿瓷涂料		同上	57.824	m²
	子目 2	底层抹灰水泥砂浆		净周长×净层高＋柱外露面积－门窗洞口面积	56.472	m²

续表

算量 类别	项目编码	项目名称	项目特征	计算公式	工程量	单位
清单	011105001	水泥砂浆踢脚线	1. 8厚1∶2.5水泥砂浆罩面压实赶光 2. 8厚1∶3水泥砂浆打底扫毛或划出纹道	(净周长－门宽)×踢脚高度	1.734	m²
定额	子目1	8厚1∶2.5 水泥砂浆罩面 8厚1∶3水泥砂浆 打底扫毛或划出纹		净周长－门宽	17.34	m

四、首层财务处装修工程量计算

(一) 布置任务

1. 根据图纸对首层财务处进行列项(要求细化到工程量级别,即列出的分项能在清单中找出相应的编码,比如财务处地面、墙面及天棚装修的清单项等)

2. 总结首层财务处装修的各种清单、定额工程量计算规则

3. 计算首层财务处装修的清单、定额工程量

(二) 内容讲解

各构件的清单工程量和定额工程量工作内容及计算规则与楼梯间装修的相应构件相同。

(三) 完成任务

首层财务处装修的工程量计算见表2-15。

表2-15 财务处装修工程量计算表 (参考建总-01和建施-01)

算量 类别	项目编码	项目名称	项目特征	计算公式	工程量	单位
清单	011102003	块料楼地面	1. 5厚铺300×300×10瓷砖,白水泥擦缝 2. 20厚1∶4干硬性水泥砂浆黏结层 3. 1.5厚聚合物水泥基防水涂料 4. 20厚1∶3水泥砂浆找平 5. 50厚C15混凝土垫层 6. 150厚3∶7灰土垫层	净长×净宽＋门侧壁开口面积－凸出墙面柱面积	18.565	m²
定额	子目1	5厚铺 800×800×10瓷砖		同上	18.565	m²
	子目2	20厚1∶3 水泥砂浆找平		净长×净宽	18.5436	m²
	子目3	50厚C15 混凝土垫层		净面积×垫层厚度	0.9272	m³

续表

算量类别	项目编码	项目名称	项目特征	计算公式	工程量	单位
定额	子目4	150厚3:7灰土垫层		净面积×垫层厚度		m³
					2.7815	
清单	011301001	天棚抹灰	1. 抹灰面刮两遍仿瓷涂料 2. 2厚1:2.5纸筋灰罩面 3. 10厚1:1:4混合砂浆打底 4. 刷素水泥浆一遍(内掺建筑胶)	净长×净宽	18.5436	m²
定额	子目1	抹灰面刮两遍仿瓷涂料		同上	18.5436	m²
	子目2	2厚1:2.5纸筋灰罩面		同上	18.5436	m²
	子目3	10厚1:1:4混合砂浆打底		同上	18.5436	m²
清单	011201001	墙面一般抹灰	1. 抹灰面刮两遍仿瓷涂料 2. 5厚1:2.5水泥砂浆找平 3. 9厚1:3水泥砂浆打底扫毛或划出纹道	净周长×(净层高—踢脚高度)+柱外露面积—门窗洞口面积+门窗侧壁面积	57.824	m²
定额	子目1	抹灰面刮两遍仿瓷涂料		同上	57.824	m²
	子目2	底层抹灰水泥砂浆		净周长×净层高+柱外露面积—门窗洞口面积	56.472	m²
清单	011105001	水泥砂浆踢脚线	1. 8厚1:2.5水泥砂浆罩面压实赶光 2. 8厚1:3水泥砂浆打底扫毛或划出纹道	(净周长—门宽)×踢脚高度	1.734	m²
定额	子目1	8厚1:2.5水泥砂浆罩面 8厚1:3水泥砂浆打底扫毛或划出纹		净周长—门宽	17.34	m

五、首层卫生间装修工程量计算

(一)布置任务

1. 根据图纸对首层卫生间进行列项(要求细化到工程量级别,即列出的分项能在清单中找出相应的编码,比如卫生间地面、墙面及天棚装修的清单项等)

2. 总结首层卫生间装修的各种清单、定额工程量计算规则

3. 计算首层卫生间装修的清单、定额工程量

（二）内容讲解

1. 卫生间装修的各种清单工程工作内容及工程量计算规则

（1）块料楼地面的清单工程工作内容及工程量计算规则

工作内容包括：基层清理；抹找平层；面层铺设、磨边；嵌缝；刷防护材料；酸洗、打蜡；材料运输。

根据图纸，其清单工程量按设计图示尺寸以面积计算。

（2）块料墙面的清单工程工作内容及工程量计算规则

其工作内容为基层处理；砂浆制作、运输；黏结层铺贴；面层安装；嵌缝；刷防护材料；磨光、酸洗、打蜡。

根据图纸，其清单工程量按镶贴表面积计算。

（3）天棚吊顶的清单工程工作内容及工程量计算规则

工作内容包括基层清理、吊杆安装；龙骨安装；基层板铺贴；面层铺贴；嵌缝；刷防护材料。

根据图纸，其清单工程量按设计图示尺寸以水平投影面积计算。

2. 卫生间的各种定额工程量计算规则

根据图纸，防滑地砖地面应该计算以下三个定额工程量：找平、防水和防滑地砖楼面。三者定额工程量计算规则与清单工程量计算规则相同。

根据图纸，面砖墙面应该计算以下三个定额工程量：找平、防水和面砖面层。三者定额工程量计算规则与清单工程量计算规则相同。

根据图纸，铝合金条板吊顶应该计算以下两个定额工程量：龙骨和铝合金条板。两者定额工程量计算规则与清单工程量计算规则相同。

（三）完成任务

首层卫生间装修的工程量计算见表 2-16。

表 2-16　卫生间装修工程量计算表（参考建总-01 和建施-01）

算量类别	项目编码	项目名称	项目特征	计算公式	工程量	单位
清单	011102003	块料楼地面	1. 5 厚铺 300×300×10 瓷砖，白水泥擦缝 2. 20 厚 1：4 干硬性水泥砂浆黏结层 3. 1.5 厚聚合物水泥基防水涂料 4. 20 厚 1：3 水泥砂浆找平 5. 50 厚 C15 混凝土垫层 6. 150 厚 3：7 灰土垫层	净长×净宽＋门侧壁开口面积－凸出墙面柱截面积	3.4428	m²
定额	子目 1	5 厚铺 800×800×10 瓷砖		同上	3.4428	m²
	子目 2	1.5 厚聚合物水泥基防水涂料		净长×净宽	3.3696	m²
	子目 3	35 厚 C15 细石混凝土找平层		同上	3.3696	m²

续表

算量类别	项目编码	项目名称	项目特征	计算公式	工程量	单位
清单	011204003	块料墙面	1. 粘贴5～6厚面砖 2. 1.5厚聚合物水泥基防水涂料 3. 9厚1:3水泥砂浆打底扫毛或划出纹道	内墙净周长×吊顶下净高－门洞口面积＋门侧壁面积	21.339	m²
定额	子目1	粘贴5～6厚面砖		同上	21.339	m²
	子目2	1.5厚聚合物水泥基防水涂料		同上	21.339	m²
	子目3	9厚1:3水泥砂浆打底扫毛或划出纹道		内墙净周长×（吊顶下净高＋0.2）－门洞口面积	22.233	m²
清单	011302001	吊顶天棚	1. 现浇板混凝土预留圆10吊环,间距≤1500 2. U型轻钢龙骨,中距≤1500 3. 1.0厚铝合金条板,离缝安装带插缝板	净长×净宽	3.3696	m²
定额	子目1	1.0厚铝合金条板		同上	3.3696	m²
	子目2	U型轻钢龙骨		同上	3.3696	m²

☞ **温馨提示:**

北京定额规定内墙抹灰应计算值吊顶底标高0.2m以上，即（抹灰高度＝吊顶下净高＋0.2）。

第六节 室外装修工程量计算

首层室外装修工程量计算如下。

（一）布置任务

1. 根据图纸对首层室外装修进行列项（要求细化到工程量级别，即列出的分项能在清单中找出相应的编码，比如室外装修的清单项等）

2. 总结室外装修的各种清单、定额工程量计算规则

3. 计算首层室外装修的清单、定额工程量

（二）内容讲解

1. 室外装修的各种清单工程工作内容及工程量计算规则

（1）天棚抹灰的清单工程工作内容及工程量计算规则

根据图纸，其工作内容及工程量计算规则与楼梯间天棚抹灰相同。

（2）块料墙面的清单工程工作内容及工程量计算规则

工作内容包括：基层清理；砂浆制作、运输；黏结层铺粘；面层安装；嵌缝；刷防护材料；磨光、酸洗、打蜡。

根据图纸，其清单工程量应按镶贴表面积计算。

（3）墙面一般抹灰的清单工程工作内容及工程量计算规则

工作内容与楼梯间墙面一般抹灰相同。

根据图纸，外墙一般抹灰清单工程量按外墙垂直投影面积计算。

2. 室外装修的各种定额工程量计算规则

根据图纸，其定额工程量计算规则与清单工程量计算规则相同。

（三）完成任务

首层室外装修的工程量计算见表 2-17。

表 2-17　室外装修工程量计算表（参考建总-01 和建施-01、05、06）

构件名称	算量类别	项目编码	项目名称	项目特征	计算公式	工程量	单位
阳台底板天棚装修	清单	011301001	天棚抹灰	1. 抹灰面刮两遍仿瓷涂料 2. 2厚1:2.5纸筋灰罩面 3. 10厚1:1:4混合砂浆打底 4. 刷素水泥浆一遍（内掺建筑胶）	净长×净宽	7.632	m²
	定额	子目1	喷 HJ80-1 型无机建筑涂料		同上	7.632	m²
		子目2	6厚1:2.5水泥砂浆找平		同上	7.632	m²
		子目3	12厚1:3水泥砂浆打底		同上	7.632	m²
外墙1（外墙裙）装修	清单	011204003	块料墙面	1. 1:1水泥（或水泥掺色）砂浆（细砂）勾缝 2. 贴194×94陶质外墙釉面砖 3. 6厚1:2水泥砂浆 4. 12厚1:3水泥砂浆打底扫毛或划出纹道 5. 刷素水泥浆一遍（内掺建筑胶）	外墙外边线×墙裙高度－（M-1面积）－与台阶相交面积＋门侧壁面积	32.4765	m²
	定额	子目1	外墙釉面砖粘贴墙面		同上	32.4765	m²
		子目2	6厚1:2水泥砂浆罩面		外墙外边线×墙裙高度－（M-1面积）－与台阶相交面积	32.31	m²

续表

构件名称	算量类别	项目编码	项目名称	项目特征	计算公式	工程量	单位
外墙1（外墙裙）装修	定额	子目3	12厚1:3水泥砂浆打底		同上	32.31	m²
外墙2装修	清单	011201001	墙面一般抹灰	1. 抹灰面刮两遍仿瓷涂料 2. 5厚1:2.5水泥砂浆找平 3. 9厚1:3水泥砂浆打底扫毛或划出纹道	外墙外边线×（层高－墙裙高度一半）－门窗洞口面积＋门窗侧壁－阳台板相交面积	109.559	m²
外墙2装修	定额	子目1	喷HJ80-1型无机建筑涂料		同上	109.559	m²
外墙2装修	定额	子目2	6厚1:2.5水泥砂浆找平		外墙外边线×（层高－墙裙高度一半）－门窗洞口面积－阳台板相交面积	101.789	m²
外墙2装修	定额	子目2	6厚1:2.5水泥砂浆找平			101.789	
外墙2装修	定额	子目3	12厚1:3水泥砂浆打底		同上	101.789	m²

☞ **温馨提示：**

　　墙面抹灰工程量一般不计算门窗侧壁面积。

第三章　第二层工程量手工计算

☞ **能力目标：**

　　掌握第二层构件清单工程量和其对应的计价工程量计算规则，并根据这些规则手工计算各构件的工程量。

　　从图纸分析可以看出，第二层有很多工程量与首层是一样的，见表 3-1。

表 3-1　二层与首层相同构件统计表

构 件 名 称	是否重新计算
框架柱	与首层相同，见表 2-1
框架梁	与首层相同，见表 2-2
板	与首层相同，见表 2-8
砌块墙	与首层相同，见表 2-7
门	与首层相同，见表 2-3
门联窗	重新计算见表 3-2
窗	与首层相同，见表 2-4
过梁	与首层相同，见表 2-6
梯柱	重新计算见表 3-3
构造柱	与首层相同，见表 2-5
楼梯	与首层相同，见表 2-9
台阶	无
散水	无
阳台栏板	重新计算见表 3-4
楼梯间装修	重新计算见表 3-5
工作室装修	重新计算见表 3-7
休息室装修	重新计算见表 3-6

续表

构 件 名 称	是否重新计算
卫生间装修	重新计算见表 3-8
室外装修	重新计算见表 3-9
建筑面积	重新计算见表 3-9
平整场地	无

从表 3-1 可以看出，二层只需计算门联窗、梯柱、阳台栏板、楼梯间装修、工作室装修、休息室装修、卫生间装修、室外装修及建筑面积等，其余工程量与首层相同。

第一节 围护结构的工程量计算

门联窗的工程量计算如下。

（一）布置任务

1. 根据图纸对第二层门进行列项（要求细化到工程量级别，即列出的分项能在清单中找出相应的编码，比如门联窗要列出其材质门制安等）
2. 总结门联窗的清单、定额工程量计算规则
3. 计算第二层门联窗的清单、定额工程量

（二）内容讲解

1. 门联窗的清单工程工作内容及工程量计算规则

其工作内容包括：门安装、五金安装、玻璃安装，其清单工程量按设计图示洞口尺寸以面积计算。

2. 门联窗的定额工程量计算规则：

预算定额中门的工作内容包括：门框、扇的制作、安装，安玻璃及小五金，周边塞缝等。其定额工程量也是按洞口面积以平方米计算。

（三）完成任务

门联窗的工程量计算见表 3-2。

表 3-2　门联窗工程量计算表（参考建总-01 和建施-05）

构件名称	算量类别	项目编码	项目名称	项目特征	计算公式	工程量	单位
门联窗 MC-1	清单	010802001	金属（塑钢）门	MC-1 3900×2700 塑钢门联窗	窗洞口面积＋门洞口面积	7.83	m²
	定额	子目 1	塑钢门联窗 MC-1	3900×2700 塑钢门联窗	同上	7.83	m²

第二节　室内结构工程量计算

现浇混凝土梯柱的工程量计算如下。

（一）布置任务

1. 根据图纸对第二层现浇混凝土梯柱进行列项（要求细化到工程量级别，即列出的分项能在清单中找出相应的编码，比如梯柱要列出的混凝土清单项及其模板清单项等）
2. 总结楼梯的各种清单、定额工程量计算规则
3. 计算第二层所有楼梯的清单、定额工程量

（二）内容讲解

根据图纸，其清单工程和定额工程工作内容及工程量计算规则与首层现浇混凝土柱相同。

（三）完成任务

现浇混凝土梯柱的工程量计算见表 3-3。

表 3-3　梯柱工程量计算表（参考结施-08）

构件名称	算量类别	项目编码	项目名称	项目特征	计算公式	工程量	单位
梯柱	清单	010502001	矩形柱（梯柱）	C20 预拌混凝土	截面积×净高×数量	0.216	m³
	定额	子目 1	梯柱体积	C20 预拌混凝土	同上	0.216	m³
	清单	011702002	矩形柱（梯柱）	普通模板	截面周长×净高×数量	3.6	m²
	定额	子目 1	梯柱模板面积	普通模板	同上	3.6	m²

第三节　室外结构工程量计算

本工程的室外结构主要有阳台栏板等。

阳台栏板的工程量计算如下。

(一) 布置任务

1. 根据图纸对第二层阳台栏板进行列项 (要求细化到工程量级别, 即列出的分项能在清单中找出相应的编码, 比如阳台栏板要列出的混凝土清单项及其模板清单项等)

2. 总结阳台栏板的各种清单、定额工程量计算规则

3. 计算第二层阳台栏板的清单、定额工程量

(二) 内容讲解

阳台栏板及其模板的清单工程及定额工程工程量工作内容及工程量计算规则与首层现浇混凝土柱相同。

(三) 完成任务

第二层阳台栏板的工程量计算见表 3-4。

表 3-4 阳台栏板工程量计算表 (参考结施-05)

构件名称	算量类别	项目编码	项目名称	项目特征	计算公式	工程量	单位
阳台栏板 LB-60×900	清单	010505006	栏板	C30 预拌混凝土	栏板截面积×栏板净长	0.4666	m³
	定额	子目 1	阳台栏板体积	C30 预拌混凝土	同上	0.4666	m³
	清单	011702021	栏板	普通模板	栏板中心线长×栏板高	15.552	m²
	定额	子目 1	阳台栏板模板面积	普通模板	同上	15.552	m²

第四节 室内装修工程量计算

室内装修我们分房间来计算, 从建施-02 可以看出, 第二层房间有楼梯间、休息室、定额计价工作室、清单计价工作室、卫生间, 下面分别计算。

一、第二层楼梯间楼室内装修工程量计算

(一) 布置任务

1. 根据图纸对第二层楼梯间进行列项 (要求细化到工程量级别, 即列出的分项能在清单中找出相应的编码, 比如楼梯间地面装修、墙面装修、天棚装修等清单项等)

2. 总结楼梯间装修的各种清单、定额工程量计算规则

3. 计算第二层楼梯间位置装修的清单、定额工程量

(二) 内容讲解

(1) 块料楼地面的清单和定额工程工作内容及工程量计算规则

根据图纸，其工作内容及工程量计算规则与首层卫生间楼地面相同。

(2) 其余各构件清单和定额工程工作内容及工程量计算规则与首层楼梯间装修相应构件相同。

(三) 完成任务

楼梯间装修的工程量计算见表 3-5。

表 3-5 楼梯间装修工程量计算表 (参考建总-01 和建施-02)

算量类别	项目编码	项目名称	项目特征	计算公式	工程量	单位
清单	011102003	块料楼地面	1. 1.5厚铺 800×800×10 瓷砖,白水泥擦缝 2. 20厚1:4干硬性水泥砂浆粘结层 3. 素水泥结合层一道 4. 35厚C15细石混凝土找平层 5. 素水泥结合层一道	净长×净宽＋门开头面积/2	1.65	m²
定额	子目1	5厚铺 800×800×10 瓷砖		同上	1.65	m²
	子目2	35厚C15 细石混凝土找平层		净长×净宽	1.5768	m²
清单	011301001	天棚抹灰	1. 抹灰面刮两遍仿瓷涂料 2. 2厚1:2.5纸筋灰罩面 3. 10厚1:1:4混合砂浆打底 4. 刷素水泥浆一遍(内掺建筑胶)	净长×净宽＋悬空梁外露面积	3.5208	m²
定额	子目1	抹灰面刮两遍仿瓷涂料		同上	3.5208	m²
	子目2	2厚1:2.5 纸筋灰罩面		同上	3.5208	m²
	子目3	10厚1:1:4 混合砂浆打底		同上	3.5208	m²
清单	11201001	墙面一般抹灰	1. 抹灰面刮两遍仿瓷涂料 2. 5厚1:2.5水泥砂浆找平 3. 9厚1:3水泥砂浆打底扫毛或划出纹道	净周长×净高－门窗洞口面积＋门窗侧壁	42.66	m²

续表

算量类别	项目编码	项目名称	项目特征	计算公式	工程量	单位
定额	子目1	抹灰面刮两遍仿瓷涂料		同上	42.66	m²
定额	子目2	底层抹灰水泥砂浆		净周长×净高－门窗洞口面积	41.047	m²
清单	11105001	水泥砂浆踢脚线	1. 8厚1∶2.5水泥砂浆罩面压实赶光 2. 8厚1∶3水泥砂浆打底扫毛或划出纹道	(净周长－门宽)×踢脚高度	0.301	m²
定额	子目1	8厚1∶2.5水泥砂浆罩面 8厚1∶3水泥砂浆打底扫毛或划出纹		净周长－门所占宽度	3.01	m

二、第二层休息室装修工程量计算

(一)布置任务

1. 根据图纸对第二层休息室进行列项(要求细化到工程量级别,即列出的分项能在清单中找出相应的编码,比如休息室楼地面、墙面及天棚装修的清单项等)

2. 总结第二层休息室装修的各种清单、定额工程量计算规则

3. 计算第二层休息室装修的清单、定额工程量

(二)内容讲解

各构件的清单工程和定额工程工作内容及工程量计算规则与首层楼梯间装修相同。

(三)完成任务

休息室装修的工程量计算见表3-6。

表3-6 休息室装修工程量计算表(参考建总-01和建施-02)

算量类别	项目编码	项目名称	项目特征	计算公式	工程量	单位
清单	011102003	块料楼地面	1. 5厚铺300×300×10瓷砖,白水泥擦缝 2. 20厚1∶4干硬性水泥砂浆黏结层 3. 1.5厚聚合物水泥基防水涂料 4. 20厚1∶3水泥砂浆找平 5. 50厚C15混凝土垫层 6. 150厚3∶7灰土垫层	净长×净宽＋门侧壁面积－柱突出墙所占面积	23.2635	m²

续表

算量类别	项目编码	项目名称	项目特征	计算公式	工程量	单位
定额	子目1	5厚铺 800×800×10 瓷砖		同上	23.2635	m²
	子目2	35厚 C15 细石混凝土找平层		净长×净宽	22.1796	m²
清单	011301001	天棚抹灰	1. 抹灰面刮两遍仿瓷涂料 2. 2厚1:2.5纸筋灰罩面 3. 10厚1:1:4混合砂浆打底 4. 刷素水泥浆一遍（内掺建筑胶）	净长×净宽	22.1796	m²
定额	子目1	抹灰面刮 两遍仿瓷涂料		同上	22.1796	m²
	子目2	2厚1:2.5 纸筋灰罩面		同上	22.1796	m²
	子目3	10厚1:1:4 混合砂浆打底		同上	22.1796	m²
清单	11201001	墙面一般抹灰	1. 抹灰面刮两遍仿瓷涂料 2. 5厚1:2.5水泥砂浆找平 3. 9厚1:3水泥砂浆打底扫毛或划出纹道	净周长×（净高－踢脚高度）－门洞口面积＋门侧壁面积	55.5257	m²
定额	子目1	抹灰面刮 两遍仿瓷涂料		同上	55.1627	m²
	子目2	底层抹灰水泥砂浆		净周长×净高－ 门洞口面积	52.3512	m²
清单	11105001	水泥砂浆踢脚线	1. 8厚1:2.5水泥砂浆罩面压实赶光 2. 8厚1:3水泥砂浆打底扫毛或划出纹道	(净周长－门宽)×踢脚高度	1.524	m²
定额	子目1	8厚1:2.5 水泥砂浆罩面 8厚1:3水泥砂浆 打底扫毛或划出纹		净周长－门宽	15.24	m

三、第二层定额和清单计价工作室装修工程量计算

（一）布置任务

1. 根据图纸对第二层定额和清单计价工作室进行列项（要求细化到工程量级别，即列出的分项能在清单中找出相应的编码，比如定额计价工作室地面、墙面及天棚装修的清单项等）

2. 总结第二层定额和清单计价工作室装修的各种清单、定额工程量计算规则

3. 计算第二层定额和清单计价工作室装修的清单、定额工程量

4. 由图纸可以看出，第二层定额计价工作室和清单计价工作室为对称结构，其工程量完全相同，因此可以先计算一个工作室的工程量，然后再把所有工程量乘以 2 倍。

（二）内容讲解

各构件的清单工程量和定额工程工作内容及计算规则与首层楼梯间装修相应构件相同。

（三）完成任务

定额和清单计价工作室装修的工程量计算见表 3-7。

表 3-7　定额和清单计价工作室装修工程量计算表（参考建总-01 和建施-02）

算量类别	项目编码	项目名称	项目特征	计算公式	工程量	单位
清单	011102003	块料楼地面	1. 5 厚铺 300×300×10 瓷砖,白水泥擦缝 2. 20 厚 1:4 干硬性水泥砂浆黏结层 3. 1.5 厚聚合物水泥基防水涂料 4. 20 厚 1:3 水泥砂浆找平 5. 50 厚 C15 混凝土垫层 6. 150 厚 3:7 灰土垫层	净长×净宽＋门侧壁开口面积－凸出墙面柱面积	18.565	m²
定额	子目 1	5 厚铺 800×800×10 瓷砖		同上	18.565	m²
	子目 2	20 厚 1:3 水泥砂浆找平		净长×净宽	18.5436	m²
	子目 3	50 厚 C15 混凝土垫层		净面积×垫层厚度	0.9272	m³
	子目 4	150 厚 3:7 灰土垫层		净面积×垫层厚度	2.7815	m³
清单	011301001	天棚抹灰	1. 抹灰面刮两遍仿瓷涂料 2. 2 厚 1:2.5 纸筋灰罩面 3. 10 厚 1:1:4 混合砂浆打底 4. 刷素水泥浆一遍(内掺建筑胶)	净长×净宽	18.5436	m²
定额	子目 1	抹灰面刮两遍仿瓷涂料		同上	18.5436	m²
	子目 2	2 厚 1:2.5 纸筋灰罩面		同上	18.5436	m²
	子目 3	10 厚 1:1:4 混合砂浆打底		同上	18.5436	m²

续表

算量类别	项目编码	项目名称	项目特征	计算公式	工程量	单位
清单	011201001	墙面一般抹灰	1. 抹灰面刮两遍仿瓷涂料 2. 5厚1：2.5水泥砂浆找平 3. 9厚1：3水泥砂浆打底扫毛或划出纹道	净周长×(净层高－踢脚高度)＋柱外露面积－门窗洞口面积＋门窗侧壁面积	57.824	m²
定额	子目1	抹灰面刮两遍仿瓷涂料		同上	57.824	m²
	子目2	底层抹灰水泥砂浆		净周长×净层高＋柱外露面积－门窗洞口面积	56.472	m²
清单	011105001	水泥砂浆踢脚线	1. 8厚1：2.5水泥砂浆罩面压实赶光 2. 8厚1：3水泥砂浆打底扫毛或划出纹道	(净周长－门宽)×踢脚高度	1.734	m²
定额	子目1	8厚1：2.5水泥砂浆罩面 8厚1：3水泥砂浆打底扫毛或划出纹		净周长－门宽	17.34	m

四、第二层卫生间装修工程量计算

（一）布置任务

1. 根据图纸对第二层卫生间进行列项（要求细化到工程量级别，即列出的分项能在清单中找出相应的编码，比如卫生间地面，墙面及天棚装修的清单项等）

2. 总结第二层卫生间装修的各种清单、定额工程量计算规则

3. 计算第二层卫生间装修的清单、定额工程量

（二）内容讲解

各构件的清单工程量和定额工程工作内容及计算规则与首层卫生间装修相应构件相同。

（三）完成任务

卫生间装修的工程量计算见表3-8。

表 3-8 卫生间装修工程量计算表（参考建总-01 和建施-02）

算量类别	项目编码	项目名称	项目特征	计算公式	工程量	单位
清单	011102003	块料楼地面	1. 5 厚铺 300×300×10 瓷砖,白水泥擦缝 2. 20 厚 1:4 干硬性水泥砂浆黏结层 3. 1.5 厚聚合物水泥基防水涂料 4. 20 厚 1:3 水泥砂浆找平 5. 50 厚 C15 混凝土垫层 6. 150 厚 3:7 灰土垫层	净长×净宽＋门侧壁开口面积－凸出墙面柱截面积	3.4428	m²
定额	子目 1	5 厚铺 800×800×10 瓷砖		同上	3.4428	m²
	子目 2	1.5 厚聚合物水泥基防水涂料		净长×净宽	3.3696	m²
	子目 3	35 厚 C15 细石混凝土找平层		同上	3.3696	m²
清单	011302001	吊顶天棚	1. 现浇板混凝土预留圆 10 吊环,间距≤1500 2. U 型轻钢龙骨,中距≤1500 3. 1.0 厚铝合金条板,离缝安装带插缝板	净长×净宽	3.3696	m²
定额	子目 1	1.0 厚铝合金条板		同上	3.3696	m²
	子目 2	U 型轻钢龙骨		同上	3.3696	m²
清单	011204003	块料墙面	1. 粘贴 5～6 厚面砖 2. 1.5 厚聚合物水泥基防水涂料 3. 9 厚 1:3 水泥砂浆打底扫毛或划出纹道	内墙净周长×吊顶下净高－门洞口面积＋门侧壁面积	21.339	m²
定额	子目 1	粘贴 5～6 厚面砖		同上	21.339	m²
	子目 2	1.5 厚聚合物水泥基防水涂料		同上	21.339	m²
	子目 3	9 厚 1:3 水泥砂浆打底扫毛或划出纹道		内墙净周长×(吊顶下净高＋0.2)－门洞口面积	22.233	m²

第五节　室外装修工程量计算

第二层室外装修工程量计算如下。

（一）布置任务

1. 根据图纸对第二层室外装修进行列项（要求细化到工程量级别，即列出的分项能在清单中找出相应的编码，比如室外装修的清单项等）

2. 总结室外装修的各种清单、定额工程量计算规则

3. 计算第二层室外装修的清单、定额工程量

（二）内容讲解

各构件的清单工程量和定额工程工作内容及计算规则与首层室外装修相应构件相同。

（三）完成任务

室外装修的工程量计算见表 3-9。

表 3-9　室外装修工程量计算表（参考建总-01 和建施-07）

构件名称	算量类别	项目编码	项目名称	项目特征	计算公式	工程量	单位
阳台底板天棚装修	清单	011301001	天棚抹灰	1. 抹灰面刮两遍仿瓷涂料 2. 2 厚 1:2.5 纸筋灰罩面 3. 10 厚 1:1:4 混合砂浆打底 4. 刷素水泥浆一遍（内掺建筑胶）	净长×净宽	7.632	m²
	定额	子目 1	喷 HJ80-1 型无机建筑涂料		同上	7.632	m²
		子目 2	6 厚 1:2.5 水泥砂浆找平		同上	7.632	m²
		子目 3	12 厚 1:3 水泥砂浆打底		同上	7.632	m²
外墙 1（外墙裙）装修	清单	011204003	块料墙面	1. 1:1 水泥（或水泥掺色）砂浆（细砂）勾缝 2. 贴 194×94 陶质外墙釉面砖 3. 6 厚 1:2 水泥砂浆 4. 12 厚 1:3 水泥砂浆打底扫毛或划出纹道 5. 刷素水泥浆一遍（内掺建筑胶）	阳台三边周长×高度	8.76	m²
	定额	子目 1	外墙釉面砖粘贴墙面		同上	8.76	m²
		子目 2	6 厚 1:2 水泥砂浆罩面		同上	8.76	m²
		子目 3	12 厚 1:3 水泥砂浆打底		同上	8.76	m²

续表

构件名称	算量类别	项目编码	项目名称	项目特征	计算公式	工程量	单位
外墙2装修	清单	011201001	墙面一般抹灰	1. 抹灰面刮两遍仿瓷涂料 2. 5厚1：2.5水泥砂浆找平 3. 9厚1：3水泥砂浆打底扫毛或划出纹道	外墙外周长×层高－门窗洞口面积＋阳台内三边周长×高度＋门窗侧壁面积	138.6165	m²
	定额	子目1	喷HJ80-1型无机建筑涂料		同上	138.6165	m²
		子目2	6厚1：2.5水泥砂浆找平		外墙外周长×层高－门窗洞口面积＋阳台内三边周长×高度－阳台栏板所占面积	130.494	m²
		子目3	12厚1：3水泥砂浆打底		同清单工程量	130.494	m²
建筑面积	清单	011703001	垂直运输（外墙内）		外墙外边线以内净面积	91.12	m²
	定额	子目1	垂直运输		同上	91.12	m²
	清单	011703001	垂直运输（阳台）		阳台外边线以内净面积	3.816	m²
	定额	子目1	垂直运输		同上	3.816	m²
	清单	B-002	工程水电费（外墙内）		同垂直运输	91.12	m²
	定额	子目1	工程水电费		同上	91.12	m²
	清单	B-002	工程水电费（阳台）		同垂直运输	3.816	m²
	定额	子目1	工程水电费		同上	3.816	m²
	清单	B-001	建筑面积（外墙内）		同垂直运输	91.12	m²
	定额	子目1	建筑面积		同上	91.12	m²
	清单	B-001	建筑面积（阳台）		同垂直运输	3.816	m²
	定额	子目1	建筑面积		同上	3.816	m²
	清单	0111701001	综合脚手架（外墙内）		同垂直运输	91.12	m²
	定额	子目1	综合脚手架		同上	91.12	m²
	清单	0111701001	综合脚手架（阳台）		同垂直运输	3.816	m²
	定额	子目1	综合脚手架		同上	3.816	m²

第四章 第三层工程量手工计算

☞ **能力目标：**

掌握第三层构件清单工程量和其对应的计价工程量计算规则，并根据这些规则手工计算各构件的工程量。

从图纸分析可以看出，第三层有很多工程量与首层、二层是一样的，见表 4-1。

表 4-1　三层与首层、二层相同构件统计表

构件名称	是否重新计算
框架柱	与首层相同，见表 2-1
框架梁	重新计算见表 4-2
板	重新计算见表 4-3
砌块墙	与首层相同，见表 2-7
门	与首层相同，见表 2-3
门联窗	与二层相同，见表 3-2
窗	与首层相同，见表 2-4
过梁	与首层相同，见表 2-6
梯柱	与二层相同，见表 3-3
构造柱	与首层相同，见表 2-5
楼梯	与首层相同，见表 2-9
台阶	无
散水	无
阳台栏板	与二层相同，见表 3-4
楼梯间装修	重新计算见表 4-4
休息室装修	重新计算见表 4-5
工作室装修	重新计算见表 4-6
卫生间装修	重新计算见表 4-7
室外装修	重新计算基表 4-8
建筑面积	重新计算见表 4-8
平整场地	无

从表 4-1 可以看出，三层只需计算屋面框架梁、屋面板、每个房间装修等，其余工程量与首层或二层相同。

第一节 围护结构的工程量计算

一、梁的工程量计算

（一）布置任务

1. 根据图纸对三层梁进行列项（要求细化到工程量级别，即列出的分项能在清单中找出相应的编码，比如梁要列出梁的混凝土清单项以及其模板清单项等）

2. 总结不同种类梁的各种清单、定额工程量计算规则

3. 计算三层所有梁的清单、定额工程量

（二）内容讲解

根据图纸，其清单和定额工程工作内容及工程量计算规则与首层框架梁相同。

（三）完成任务

框架梁的工程量计算见表 4-2。

表 4-2 框架梁工程量计算表 （参考结施-06）

构件名称	算量	项目编码	项目名称	项目特征	计算公式	工程量	单位
L-1 240×400	清单	010505001	有梁板（非框架梁）	C30 预拌混凝土	梁截面面积×梁净长	0.2074	m³
	定额	子目 1	非框架梁体积	C30 预拌混凝土	同上	0.2074	m³
	清单	011702014	有梁板（非框架梁）	普通模板	（梁截面周长－梁宽）×梁净长	2.0304	m²
	定额	子目 1	非框架梁模板面积	普通模板	同上	2.0304	m²
WKL-1 370×650	清单	010505001	有梁板（框架梁）	C30 预拌混凝土	梁截面面积×梁净长	2.7898	m³
	定额	子目 1	框架梁体积	C30 预拌混凝土	同上	2.7898	m³
	清单	011702014	有梁板（框架梁）	普通模板	梁净长×（梁截面宽＋梁截面高×2）－板模板面积	18.443	m²
	定额	子目 1	框架梁模板面积	普通模板	同上	18.443	m²

续表

构件名称	算量	项目编码	项目名称	项目特征	计算公式	工程量	单位
WKL-2 370×650	清单	010505001	有梁板(框架梁)	C30预拌混凝土	梁截面面积×梁净长×数量	2.7898	m³
	定额	子目1	框架梁体积	C30预拌混凝土	同上	2.7898	m³
	清单	011702014	有梁板(框架梁)	普通模板	[梁净长×(梁截面宽+梁截面高×2)-板模板面积]×数量	17.98	m²
	定额	子目1	框架梁模板面积	普通模板	同上	17.98	m²
WKL-3 370×650	清单	010505001	有梁板(框架梁)	C30预拌混凝土	梁截面面积×梁净长	2.7898	m³
	定额	子目1	框架梁体积	C30预拌混凝土	同上	2.7898	m³
	清单	011702014	有梁板(框架梁)	普通模板	梁净长×(梁截面宽+梁截面高×2)-板模板面积	17.864	m²
	定额	子目1	框架梁模板面积	普通模板	同上	17.864	m²
WKL4- 240×650	清单	010505001	有梁板(框架梁)	C30预拌混凝土	梁截面面积×梁净长×数量	1.6848	m³
	定额	子目1	有梁板(框架梁)	C30预拌混凝土	同上	1.6848	m³
	清单	011702014	有梁板(框架梁)	框架梁模板面积	[梁净长×(梁截面宽+梁截面高×2)-梁板相交面积]×数量	13.98	m²
	定额	子目1	框架梁模板面积	普通模板	同清单量汇总	13.98	m²
WKL5- 240×650	清单	010505001	有梁板(框架梁)	普通模板	梁截面面积×梁净长	0.708	m³
	定额	子目1	有梁板(框架梁)	C30预拌混凝土	同上	0.708	m³
	清单	011702014	有梁板(框架梁)	框架梁模板面积	梁净长×(梁截面宽+梁截面高×2)-梁板相交面积	7.552	m²
	定额	子目1	有梁板(框架梁)	框架梁模板面积	同上	7.552	m²

注：顶层梁高发生变化。

二、屋面板的工程量计算

(一)布置任务

1. 根据图纸对屋面板进行列项（要求细化到工程量级别，即列出的分项能在清单中找出相应的编码，比如板要列出屋面板的混凝土清单项及其模板清单项等）
2. 总结不同种类屋面板的各种清单、定额工程量计算规则
3. 计算屋面板的清单、定额工程量

(二)内容讲解

根据图纸，屋面板及其模板的清单和定额工程工作内容及工程量与首层板计算规则相同。

(三)完成任务

屋面板的工程量计算见表 4-3。

表 4-3　屋面板工程量计算表（参考结施-07）

构件名称	算量类别	项目编码	项目名称	项目特征	计算公式	工程量	单位
LB1-130	清单	010505001	有梁板(现浇板)	C30 预拌混凝土	板净面积×板厚－柱所占体积	4.79882	m³
	定额	子目 1	有梁板(现浇板)	C30 预拌混凝土	同上	4.79882	m³
	清单	11702014	有梁板(现浇板)	普通模板	板底部净面积－柱所在占面积	36.914	m²
	定额	子目 1	现浇板模板面积	普通模板	同上	36.914	m²
LB2-130	清单	010505001	有梁板(现浇板)	C30 预拌混凝土	板净面积×板厚－柱所占体积	4.1473	m³
	定额	子目 1	有梁板(现浇板)	C30 预拌混凝土	同上	4.1473	m³
	清单	11702014	有梁板(现浇板)	普通模板	板底部净面积－柱所在占面积	31.902	m²
	定额	子目 1	现浇板模板面积	普通模板	同上	31.902	m²

☞ **温馨提示：**

顶层板厚发生变化；楼梯间位置板发生变化，见结施-07。

第二节　室内装修工程量计算

室内装修我们分房间来计算，从建施-03 可以看出，第三层房间有楼梯间、休息室、审计室、卫生间，下面分别计算。

一、楼梯间楼室内装修工程量计算

（一）布置任务

1. 根据图纸对第三层楼梯间进行列项（要求细化到工程量级别，即列出的分项能在清单中找出相应的编码，比如楼梯间块料楼地面、墙面一般抹灰、天棚抹灰等清单项等）

2. 总结楼梯间装修的各种清单、定额工程量计算规则

3. 计算第三层楼梯间位置装修的清单、定额工程量

（二）内容讲解

各构件清单和定额工程工作内容及工程量计算规则与二层楼梯间装修相同。

（三）完成任务

楼梯间装修的工程量计算见表 4-4。

表 4-4　楼梯间装修工程量计算表（参考建总-01 和建施-03）

算量类别	项目编码	项目名称	项目特征	计算公式	工程量	单位
清单	011102003	块料楼地面	1. 5 厚铺 800×800×10 瓷砖，白水泥擦缝 2. 20 厚 1∶4 干硬性水泥砂浆黏结层 3. 素水泥结合层一道 4. 20 厚 1∶3 水泥砂浆找平 5. 50 厚 C15 混凝土垫层	净长×净宽＋门开头面积/2	1.65	m²
定额	子目 1	5 厚铺 800×800×10 瓷砖		同上	1.65	m²
	子目 2	35 厚 C15 细石混凝土找平层		净长×净宽	1.5768	m²
清单	011301001	天棚抹灰	1. 抹灰面刮两遍仿瓷涂料 2. 2 厚 1∶2.5 纸筋灰罩面 3. 10 厚 1∶1∶4 混合砂浆打底 4. 刷素水泥浆一遍（内掺建筑胶）	净长×净宽	9.2016	m²
定额	子目 1	抹灰面刮两遍仿瓷涂料		同上	9.2016	m²
	子目 2	2 厚 1∶2.5 纸筋灰罩面		同上	9.2016	m²
	子目 3	10 厚 1∶1∶4 混合砂浆打底		同上	9.2016	m²
清单	011201001	墙面一般抹灰	1. 抹灰面刮两遍仿瓷涂料 2. 5 厚 1∶2.5 水泥砂浆找平 3. 9 厚 1∶3 水泥砂浆打底扫毛或划出纹道	净周长×净高－门窗洞口面积＋门窗侧壁	41.3548	m²

续表

算量类别	项目编码	项目名称	项目特征	计算公式	工程量	单位
定额	子目 1	抹灰面刮两遍仿瓷涂料		同上	41.3548	m²
	子目 2	底层抹灰水泥砂浆		净周长×净高一门窗洞口面积	39.7398	m²
清单	11105001	水泥砂浆踢脚线	1. 8 厚 1：2.5 水泥砂浆罩面压实赶光 2. 8 厚 1：3 水泥砂浆打底扫毛或划出纹道	(净周长一门宽)×踢脚高度	0.301	m²
定额	子目 1	8 厚 1：2.5 水泥砂浆罩面 8 厚 1：3 水泥砂浆打底扫毛或划出纹		净周长一门所占宽度	3.01	m

二、休息室装修工程量计算

(一) 布置任务

1. 根据图纸对第三层休息室进行列项（要求细化到工程量级别，即列出的分项能在清单中找出相应的编码，比如休息室块料楼地面、水泥砂浆踢脚线、天棚抹灰的清单项等）

2. 总结第三层休息室装修的各种清单、定额工程量计算规则

3. 计算第三层休息室装修的清单、定额工程量

(二) 内容讲解

各构件清单和定额工程工作内容及工程量计算规则与二层休息室装修相同。

(三) 完成任务

休息室装修的工程量计算见表 4-5。

表 4-5　休息室装修工程量计算表 (参考建总-01 和建施-03)

算量类别	项目编码	项目名称	项目特征	计算公式	工程量	单位
清单	011102003	块料楼地面	1. 5 厚铺 300×300×10 瓷砖,白水泥擦缝 2. 20 厚 1：4 干硬性水泥砂浆黏结层 3. 1.5 厚聚合物水泥基防水涂料 4. 20 厚 1：3 水泥砂浆找平 5. 50 厚 C15 混凝土垫层 6. 150 厚 3：7 灰土垫层	净长×净宽+门侧壁面积一柱突出墙所占面积	23.2635	m²
定额	子目 1	5 厚铺 800×800×10 瓷砖		同上	23.2635	m²
	子目 2	35 厚 C15 细石混凝土找平层		净长×净宽	22.1796	m²

续表

算量类别	项目编码	项目名称	项目特征	计算公式	工程量	单位
清单	011301001	天棚抹灰	1. 抹灰面刮两遍仿瓷涂料 2. 2厚1：2.5纸筋灰罩面 3. 10厚1：1：4混合砂浆打底 4. 刷素水泥砂浆一遍（内掺建筑胶）	净长×净宽	22.1796	m²
定额	子目1	抹灰面刮两遍仿瓷涂料		同上	22.1796	m²
	子目2	2厚1：2.5纸筋灰罩面		同上	22.1796	m²
	子目3	10厚1：1：4混合砂浆打底		同上	22.1796	m²
清单	11201001	墙面一般抹灰	1. 抹灰面刮两遍仿瓷涂料 2. 5厚1：2.5水泥砂浆找平 3. 9厚1：3水泥砂浆打底扫毛或划出纹道	净周长×（净高－踢脚高度）－门洞口面积＋门侧壁面积	55.3313	m²
定额	子目1	抹灰面刮两遍仿瓷涂料		同上	55.3313	m²
	子目2	底层抹灰水泥砂浆		净周长×净高－门洞口面积	52.1568	m²
清单	11105001	水泥砂浆踢脚线	1. 8厚1：2.5水泥砂浆罩面压实赶光 2. 8厚1：3水泥砂浆打底扫毛或划出纹道	（净周长－门宽）×踢脚高度	1.524	m²
定额	子目1	8厚1：2.5水泥砂浆罩面 8厚1：3水泥砂浆打底扫毛或划出纹		净周长－门宽	15.24	m

三、审计室装修工程量计算

（一）布置任务

1. 根据图纸对第三层审计室进行列项（要求细化到工程量级别，即列出的分项能在清单中找出相应的编码，比如审计室楼面、墙面以及天棚装修的清单项等）

2. 总结第三层审计室装修的各种清单、定额工程量计算规则

3. 计算第三层审计室装修的清单、定额工程量

4. 由图纸可以看出，第三层定额计价审计室和清单计价审计室为对称结构，其工程量完全相同，因此可以先计算一个工作室的工程量，然后再把所有工程量乘以2倍

（二）内容讲解

各构件的清单工程量和定额工程量工作内容及计算规则与二层工作室相同。

（三）完成任务

工作室装修的工程量计算见表 4-6。

表 4-6　工作室装修工程量计算表（参考建总-01 和建施-03）

算量类别	项目编码	项目名称	项目特征	计算公式	工程量	单位
清单	011102003	块料楼地面	1. 5 厚铺 800×800×10 瓷砖，白水泥擦缝 2. 20 厚 1:4 干硬性水泥砂浆黏结层 3. 1.5 厚聚合物水泥基防水涂料 4. 20 厚 1:3 水泥砂浆找平 5. 50 厚 C15 混凝土垫层 6. 150 厚 3:7 灰土垫层	净长×净宽＋门侧壁开口面积－凸出墙面柱面积	18.565	m²
定额	子目 1	5 厚铺 800×800×10 瓷砖		同上	18.565	m²
定额	子目 2	20 厚 1:3 水泥砂浆找平		净长×净宽	18.5436	m²
定额	子目 3	50 厚 C15 混凝土垫层		净面积×垫层厚度	0.9272	m³
定额	子目 4	150 厚 3:7 灰土垫层		净面积×垫层厚度	2.7815	m³
清单	011301001	天棚抹灰	1. 抹灰面刮两遍仿瓷涂料 2. 2 厚 1:2.5 纸筋灰罩面 3. 10 厚 1:1:4 混合砂浆打底 4. 刷素水泥浆一遍（内掺建筑胶）	净长×净宽	18.5436	m²
定额	子目 1	抹灰面刮两遍仿瓷涂料		同上	18.5436	m²
定额	子目 2	2 厚 1:2.5 纸筋灰罩面		同上	18.5436	m²
定额	子目 3	10 厚 1:1:4 混合砂浆打底		同上	18.5436	m²
清单	011201001	墙面一般抹灰	1. 抹灰面刮两遍仿瓷涂料 2. 5 厚 1:2.5 水泥砂浆找平 3. 9 厚 1:3 水泥砂浆打底扫毛或划出纹道	净周长×（净层高－踢脚高度）＋柱外露面积－门窗洞口面积＋门窗侧壁面积	57.6416	m²
定额	子目 1	抹灰面刮两遍仿瓷涂料		同上	57.6416	m²
定额	子目 2	底层抹灰水泥砂浆		净周长×净层高＋柱外露面积－门窗洞口面积	56.2896	m²

续表

算量类别	项目编码	项目名称	项目特征	计算公式	工程量	单位
清单	011105001	水泥砂浆踢脚线	1. 8厚1：2.5水泥砂浆罩面压实赶光 2. 8厚1：3水泥砂浆打底扫毛或划出纹道	（净周长－门宽）×踢脚高度	1.734	m²
定额	子目1	8厚1：2.5水泥砂浆罩面 8厚1：3水泥砂浆打底扫毛或划出纹		净周长－门宽	17.34	m

四、卫生间装修工程量计算

（一）布置任务

1. 根据图纸对第三层卫生间进行列项（要求细化到工程量级别，即列出的分项能在清单中找出相应的编码，比如卫生间地面，墙面以及天棚装修的清单项等）

2. 总结第三层卫生间装修的各种清单、定额工程量计算规则

3. 计算第三层卫生间装修的清单、定额工程量

（二）内容讲解

各构件的清单工程量和定额工程量工作内容及计算规则与二层卫生间相同。

（三）完成任务

卫生间装修的工程量计算见表4-7。

表 4-7　卫生间装修工程量计算表（参考建总-01和建施-03）

算量类别	项目编码	项目名称	项目特征	计算公式	工程量	单位
清单	011102003	块料楼地面	1. 5厚铺300×300×10瓷砖，白水泥擦缝 2. 20厚1：4干硬性水泥砂浆黏结层 3. 1.5厚聚合物水泥基防水涂料 4. 20厚1：3水泥砂浆找平 5. 50厚C15混凝土垫层 6. 150厚3：7灰土垫层	净长×净宽＋门侧壁开口面积－凸出墙面柱截面积	3.4428	m²
定额	子目1	5厚铺800×800×10瓷砖		同上	3.4428	m²
	子目2	1.5厚聚合物水泥基防水涂料		净长×净宽	3.3696	m²
	子目3	35厚C15细石混凝土找平层		同上	3.3696	m²

算量类别	项目编码	项目名称	项目特征	计算公式	工程量	单位
清单	011302001	吊顶天棚	1. 现浇板混凝土预留圆10吊环,间距≤1500 2. U型轻钢龙骨,中距≤1500 3. 1.0厚铝合金条板,离缝安装带插缝板	净长×净宽	3.3696	m²
定额	子目1	1.0厚铝合金条板		同上	3.3696	m²
	子目2	U型轻钢龙骨		同上	3.3696	m²
清单	011204003	块料墙面	1. 粘贴5~6厚面砖 2. 1.5厚聚合物水泥基防水涂料 3. 9厚1:3水泥砂浆打底扫毛或划出纹道	内墙净周长×吊顶下净高－门洞口面积＋门侧壁面积	21.339	m²
定额	子目1	粘贴5~6厚面砖		同上	21.339	m²
	子目2	1.5厚聚合物水泥基防水涂料		同上	21.339	m²
	子目3	9厚1:3水泥砂浆打底扫毛或划出纹道		内墙净周长×(吊顶下净高＋0.2)－门洞口面积	22.233	m²

第三节 室外装修工程量计算

第三层室外装修工程量计算如下。

(一) 布置任务

1. 根据图纸对第三层室外装修进行列项(要求细化到工程量级别,即列出的分项能在清单中找出相应的编码,比如室外装修的清单项等)

2. 总结室外装修的各种清单、定额工程量计算规则

3. 计算第三层室外装修的清单、定额工程量

(二) 内容讲解

各构件的清单工程量和定额工程量工作内容及计算规则与首层室外装修相同。

(三) 完成任务

室外装修的工程量计算见表4-8。

表 4-8　室外装修工程量计算表（参考建总-01 和建施-07）

构件名称	算量类别	项目编码	项目名称	项目特征	计算公式	工程量	单位
雨篷底板天棚装修	清单	011301001	天棚抹灰	1. 抹灰面刮两遍仿瓷涂料 2. 2厚1:2.5纸筋灰罩面 3. 10厚1:1:4混合砂浆打底 4. 刷素水泥浆一遍（内掺建筑胶）	净长×净宽	7.632	m²
	定额	子目1	喷 HJ80-1 型无机建筑涂料		同上	7.632	m²
		子目2	6厚1:2.5水泥砂浆找平		同上	7.632	m²
		子目3	12厚1:3水泥砂浆打底		同上	7.632	m³
挑檐底板天棚装修	清单	011301001	天棚抹灰	1. 抹灰面刮两遍仿瓷涂料 2. 2厚1:2.5纸筋灰罩面 3. 10厚1:1:4混合砂浆打底 4. 刷素水泥浆一遍（内掺建筑胶）	挑檐中心线长×挑檐宽度	29.496	m²
	定额	子目1	喷 HJ80-1 型无机建筑涂料		同上	29.496	m²
		子目2	6厚1:2.5水泥砂浆找平		同上	29.496	m²
		子目3	12厚1:3水泥砂浆打底		同上	29.496	m²
外墙1（外墙裙）装修	清单	011204003	块料墙面	1. 1:1水泥（或水泥掺色）砂浆（细砂）勾缝 2. 贴194×94陶质外墙釉面砖 3. 6厚1:2水泥砂浆 4. 12厚1:3水泥砂浆打底扫毛或划出纹道 5. 刷素水泥浆一遍（内掺建筑胶）	阳台三边周长×高度	8.76	m²
	定额	子目1	外墙釉面砖粘贴墙面		同上	8.76	m²
		子目2	6厚1:2水泥砂浆罩面		同上	8.76	m²
		子目3	12厚1:3水泥砂浆打底		同上	8.76	m²
外墙2装修	清单	011201001	墙面一般抹灰	1. 抹灰面刮两遍仿瓷涂料 2. 5厚1:2.5水泥砂浆找平 3. 9厚1:3水泥砂浆打底扫毛或划出纹道	外墙外周长×层高－门窗洞口面积＋阳台内三边周长×高度－阳台栏板所占面积－挑檐板所占面积＋门窗侧壁	135.2125	m²

构件名称	算量类别	项目编码	项目名称	项目特征	计算公式	工程量	单位
外墙2装修	定额	子目1	喷 HJ80-1 型无机建筑涂料		同上	135.2125	m²
		子目2	6厚1:2.5水泥砂浆找平		外墙外周长×层高－门窗洞口面积＋阳台内三边周长×高度－阳台栏板所占面积＋门窗侧壁	127.09	m²
		子目3	12厚1:3水泥砂浆打底		同上	127.09	m²

第五章　屋面层工程量手工计算

> 👉 **能力目标：**
> 　　掌握屋面层构件清单工程量和其对应的计价工程量计算规则，并根据这些规则手工计算各构件的工程量。

　　由图纸建施-04得出，屋面层只有围护结构、室内装修以及室外装修三个部分，分别包括女儿墙、屋面及女儿墙内装修以及女儿墙外装修等。接下来依次将此三个部分做出来。值得注意的是，屋面层与首层和二、三层不同，不同的结构需要特别注意。

第一节　围护结构工程量手工计算

一、构造柱的工程量计算

（一）布置任务

　　1. 根据图纸对屋面层构造柱进行列项（要求细化到工程量级别，即列出的分项能在清单中找出相应的编码，比如构造柱要列出的混凝土清单项以及其模板清单项等）

　　2. 总结不同种类构造柱的各种清单、定额工程量计算规则

　　3. 计算屋面层所有构造柱的清单、定额工程量

（二）内容讲解

　　根据图纸，其工作内容及工程量和定额工程量计算规则与首层构造柱相同。

（三）完成任务

　　屋面层现浇混凝土构造柱的工程量计算见表5-1。

表 5-1　构造柱工程量计算表 （参考建施-04）

构件名称	算量类别	项目编码	项目名称	项目特征	计算公式	工程量	单位
女儿墙构造柱	清单	010502002	构造柱	C20 预拌混凝土	构造柱截面面积×柱高＋马牙槎体积	0.4666	m³
	定额	子目1	构造柱体积	C20 预拌混凝土	同上	0.4666	m³
	清单	011702008	构造柱	普通模板	构造柱截面周长×柱高＋马牙槎－砌体墙所占面积	4.6656	m²
	定额	子目1	构造柱模板面积	普通模板	同上	4.6656	m²

二、女儿墙的工程量计算

(一) 布置任务

1. 根据图纸对屋面层女儿墙进行列项（要求细化到工程量级别，即列出的分项能在清单中找出相应的编码，比如女儿墙要列出砌体墙等）

2. 总结女儿墙的清单、定额工程量计算规则

3. 计算屋面层所有女儿墙的清单、定额工程量

(二) 内容讲解

根据图纸，其工作内容及工程量和定额工程量计算规则与首层砌体墙相同。

(三) 完成任务

屋面层女儿墙的工程量计算见表 5-2。

表 5-2　女儿墙工程量计算表 （参考建施-04）

构件名称	算量类别	项目编码	项目名称	项目特征	计算公式	工程量	单位
女儿墙	清单	010401003	实心砖墙（女儿墙）	M5 水泥砂浆页岩砖	女儿墙中心线长度×墙厚×墙高－构造柱体积－压顶体积	4.6449	m³
	定额	子目1	女儿墙-240 体积	M5 水泥砂浆页岩砖	同上	4.6449	m³

三、现浇混凝土压顶的工程量计算

(一) 布置任务

1. 根据图纸对屋面层女儿墙压顶进行列项（要求细化到工程量级别，即列出的分项能在清单中找出相应的编码，比如现浇混凝土压顶要列出其混凝土及其模板清单项等）

2. 总结现浇混凝土压顶的清单、定额工程量计算规则

3. 计算屋面层所有女儿墙压顶的清单、定额工程量

（二）内容讲解

1. 现浇混凝土压顶各种清单工程工作内容及工程量计算规则

其工作内容与现浇混凝土柱相同。

根据图纸，现浇混凝土压顶清单工程量以立方米计量，按设计图示尺寸以体积计算。其模板的清单工程工作内容及计算规则与现浇混凝土柱相同。

2. 现浇混凝土压顶各种定额工程量计算规则

根据图纸，其定额工程量计算规则与清单计算规则相同。

（三）完成任务

屋面层现浇混凝土压顶的工程量计算见表 5-3。

表 5-3　压顶工程量计算表（参考建施-04）

构件名称	算量类别	项目编码	项目名称	项目特征	计算公式	工程量	单位
女儿墙压顶	清单	010507005	压顶	C30 预拌混凝土	压顶截面积×中心线长度	0.7099	m³
	定额	子目 1	女儿墙压顶体积	C30 预拌混凝土	同上	0.7099	m³
	清单	011702008	压顶	普通模板	压顶截面周长×中心线长度−女儿墙所占面积	7.0992	m²
	定额	子目 1	女儿墙压顶模板面积	普通模板	同上	7.0992	m²

第二节　室外结构工程量计算

现浇混凝土雨篷挑檐的工程量计算如下。

（一）布置任务

1. 根据图纸对屋面层现浇混凝土雨篷挑檐进行列项（要求细化到工程量级别，即列出的分项能在清单中找出相应的编码，比如挑檐要列出的混凝土清单项以及其模板清单项等）

2. 总结挑檐的各种清单、定额工程量计算规则

3. 计算屋面层室外雨篷挑檐的清单、定额工程量

（二）内容讲解

1. 现浇混凝土雨篷挑檐各种清单工程工作内容及工程量计算规则

工作内容与现浇混凝土柱相同。

根据图纸，其清单工程量应以立方米计量，按设计图示尺寸以体积计算。其模板清单工程量计算规则与现浇混凝土柱相同。

2. 现浇混凝土雨篷挑檐各种定额工程量计算规则

根据图纸，其工程量及模板计价工程量计算规则与模板清单工程量计算规则相同。

（三）完成任务

屋面层现浇混凝土雨篷挑檐的工程量计算见表 5-4。

表 5-4 雨篷挑檐工程量计算表（参考建施-04 和结施-07）

构件名称	算量类别	项目编码	项目名称	项目特征	计算公式	工程量	单位
雨篷挑檐栏板	清单	010505006	栏板	C20 预拌混凝土	栏板横截面积×栏板中心线长度	0.5539	m³
	定额	子目 1	雨篷挑檐栏板体积	C20 预拌混凝土	同上	0.5539	m³
	清单	011702021	栏板	普通模板	栏板高×栏板中心线长度×2	18.464	m²
	定额	子目 1	雨篷挑檐栏板模板	普通模板	同上	18.464	m²

第三节 屋面装修工程量计算

由于屋面层与首层和二、三层的结构不同，其无顶部结构，所以屋面层的装修只区分女儿墙内屋面部分装修以及女儿墙外装修。根据建施-04 和建施-07 得出，屋面内装修计算如下。

屋面及女儿墙内装修工程量计算如下。

（一）布置任务

1. 根据图纸对屋面层装修进行列项（屋面层的装修部分分为屋面部分和女儿墙内装修部分；要求细化到工程量级别，即列出的分项能在清单中找出相应的编码，比如屋面、屋面防水的清单项等）

2. 总结屋面装修的各种清单、定额工程量计算规则

3. 计算屋面及女儿墙内装修的清单、定额工程量

（二）内容讲解

1. 现浇混凝土雨篷的各种清单工程工作内容及清单工程量计算规则

（1）屋面卷材防水

工作内容包括基层处理；刷底油；铺油毡卷材、接缝。

其清单工程量按设计图示尺寸以面积计算，女儿墙弯起的部分并入到屋面工程量内。

（2）屋面找平层

工作内容包括基层清理；抹找平层；材料运输。

其清单工程量计算规则按设计图示尺寸以面积计算。

（3）雨篷屋面泄水管

工作内容包括水管及配件安装、固定；接缝、嵌缝；刷漆。

其清单工程量按图示数量计算。

（4）墙面抹灰

其工作内容和清单工程量计算规则与首层楼梯间内墙装修相同。

2. 现浇混凝土雨篷各种定额工程量计算规则

屋面卷材防水、找平层、泄水管以及女儿墙内墙一般抹灰的定额工程量计算规则与其清单工程量计算规则相同。

（三）完成任务

屋面防水的工程量计算见表 5-5。

表 5-5　屋面防水工程量计算表（参考建施-04 和建施-07）

构件名称	算量类别	项目编码	项目名称	项目特征	计算公式	工程量	单位
屋面 A	清单	010902001	屋面卷材防水	1. 3 厚 SBS 防水层四周上翻 250　2. 3 厚 SBS 防水层四周上翻 250　3. 1∶10 水泥珍珠岩保温层厚 100　4. 1∶1∶10 水泥石灰炉渣找坡平均厚 50　5. 20 厚 1∶2 水泥砂浆找平层	净长×净宽	81.6544	m²
	定额	子目 1	3 厚 SBS 防水层四周上翻 250mm		净长×净宽＋卷边面积	91.2744	m²
	清单	11101006	3 厚 SBS 防水层四周上翻 250mm	平面砂浆找平层	同上	91.2744	m²
	定额	子目 1	20 厚 1∶2 水泥砂浆找平层		同上	91.2744	m²
	清单	11001001	保温隔热屋面	保温隔热屋面	净长×净宽×保温层厚	8.1654	m³

构件名称	算量类别	项目编码	项目名称	项目特征	计算公式	工程量	单位
屋面 A	定额	子目 1	1：10 水泥珍珠岩保温层厚 100mm		同上	8.1654	m²
		子目 2	1：1：10 水泥石灰炉渣找坡平均厚 50mm		净长×净宽×找坡层厚度	4.0827	m³
	清单	11101006	20 厚 1：2 砂浆找平	平面砂浆找平层	同屋面卷材清单工程量	81.6544	m²
	定额	子目 1	20 厚 1：2 水泥砂浆找平层		同清单工程量	81.6544	m²
屋面 B	清单	010902001	屋面卷材防水	1. 3 厚 SBS 防水层四周上翻 250 2. 3 厚 SBS 防水层四周上翻 250 3. 1：1：10 水泥石灰炉渣找坡平均厚 50 4. 20 厚 1：2 水泥砂浆找平层	挑檐中心线长×挑檐宽度	26.7264	m²
	定额	子目 1	3 厚 SBS 防水层四周上翻 250mm		底面卷材防水面积＋上翻面积	43.9904	m²
	清单	11101006	20 厚 1：2 砂浆找平	平面砂浆找平层	同上	43.9904	m²
	定额	子目 1	20 厚 1：2 水泥砂浆找平层		同上	43.9904	m²
		子目 2	1：1：10 水泥石灰炉渣找坡平均厚 50		屋面卷材防水面积×找坡厚度	1.3363	m³
		子目 3	20 厚 1：2 水泥砂浆找平层		同屋面卷材防水清单工程量	26.7264	m²

女儿墙以及栏板内装修的工程量计算见表 5-6。

表 5-6　女儿墙及栏板内装修工程量计算表（参考建施-04 和建施-07）

构件名称	算量类别	项目编码	项目名称	项目特征	计算公式	工程量	单位
女儿墙内装修	清单	011201001	墙面一般抹灰		女儿墙内周长×女儿墙高	20.7792	m²
	定额	子目 1	6 厚 1：2.5 水泥砂浆罩面		同上	20.7792	m²
		子目 2	12 厚 1：3 水泥砂浆打底扫毛或划出纹道		同上	20.7792	m²

构件名称	算量类别	项目编码	项目名称	项目特征	计算公式	工程量	单位
栏板内装修	清单	011201001	墙面一般抹灰		栏板内周长×栏板高	6.1328	m²
	定额	子目1	6厚1：2.5水泥砂浆罩面		同上	6.1328	m²
		子目2	12厚1：3水泥砂浆打底扫毛或划出纹道		同上	6.1328	m²
压顶装修	清单	011201001	墙面一般抹灰		压顶中心线长×压顶三面外露面长	26.0304	m²
	定额	子目1	6厚1：2.5水泥砂浆罩面		同上	26.0304	m²
		子目2	12厚1：3水泥砂浆打底扫毛或划出纹道		同上	26.0304	m²

第四节 室外装修工程量计算

屋面室外装修工程量计算如下。

（一）布置任务

1. 根据图纸对屋面层室外装修进行列项（要求细化到工程量级别，即列出的分项能在清单中找出相应的编码，比如屋面室外装修的清单项等）

2. 总结屋面室外装修的各种清单、定额工程量计算规则

3. 计算屋面层室外装修的清单、定额工程量

（二）内容讲解

墙面一般抹灰的清单工程工作内容及工程量和定额工程量计算规则

根据图纸，其工作内容及工程量和计价工程量计算规则与首层室外装修墙面一般抹灰相同。

（三）完成任务

屋面层女儿墙外装修的工程量计算见表5-7。

表 5-7 屋面层室外装修工程量计算表（参考建施-04 和建施-07）

构件名称	算量类别	项目编码	项目名称	项目特征	计算公式	工程量	单位
女儿墙外装修	清单	011201001	墙面一般抹灰		女儿墙外墙周长×墙高	21.816	m²
	定额	子目 1	喷 HJ80-1 型无机建筑涂料		同上	21.816	m²
		子目 2	6 厚 1∶2.5 水泥砂浆找平		同上	21.816	m²
		子目 3	12 厚 1∶3 水泥砂浆打底		同上	21.816	m²

第六章 基础层工程量手工计算

> **能力目标：**
>
> 掌握基础层构件清单工程量和其对应的计价工程量计算规则，并根据这些规则手工计算各构件的工程量。

有了前面几章的基础，基础层的计算也将变得简单，不过基础层的构造和之前的完全不同，需要大家接着仔细学习。下面根据图纸，按照基础层三大块分类来计算各个构件的工程量。底部结构的工程量计算如下所述。

一、阀板基础的工程量计算

（一）布置任务

1. 根据图纸对基础层阀板基础进行列项（要求细化到工程量级别，即列出的分项能在清单中找出相应的编码）
2. 总结不同种类阀板基础的各种清单、定额工程量计算规则
3. 计算基础层所有阀板基础的清单、定额工程量

（二）内容讲解

1. 阀板基础及模板的清单工程工作内容及工程量计算规则

工作内容与首层现浇混凝土柱相同。

根据图纸，其清单工程量按设计图示尺寸以体积计算。其模板清单工程量计算规则与现浇混凝土柱相同。

2. 阀板基础的定额工程量计算规则

根据图纸，其定额工程量计算规则与清单计算规则相同。

（三）完成任务

筏板基础工程量计算见表 6-1。

表 6-1　筏板基础工程量计算表（参考结施-03）

构件名称	算量类别	项目编码	项目名称	项目特征	计算公式	工程量	单位
筏板基础	清单	011702001	基础	普通模板	满堂基础底面周长×0.2	8.48	m²
	定额	子目1	满堂基础模板面积	普通模板	同上	8.48	m²
	清单	010501004	满堂基础	C30 预拌混凝土	满堂基础底面积×基础高度−基础边坡体积	30.126	m³
	定额	子目1	满堂基础体积	C30 预拌混凝土	同上	30.126	m³

二、基础垫层的工程量计算

（一）布置任务

1. 根据图纸对基础层基础垫层进行列项（要求细化到工程量级别，即列出的分项能在清单中找出相应的编码）

2. 总结不同种类基础垫层的各种清单、定额工程量计算规则

3. 计算基础层所有基础垫层的清单、定额工程量

（二）内容讲解

1. 基础混凝土垫层及模板的清单工程工作内容及工程量计算规则

工作内容与首层现浇混凝土柱相同。

根据图纸，其清单工程量按设计图示尺寸以体积计算。其模板清单工程量计算规则与现浇混凝土柱相同。

2. 基础混凝土垫层及模板的定额工程量计算规则

根据图纸，其定额工程量计算规则与清单计算规则相同。

（三）完成任务

基础垫层工程量计算见表 6-2。

表 6-2　基础垫层工程量计算表（参考结施-03）

构件名称	算量类别	项目编码	项目名称	项目特征	计算公式	工程量	单位
筏板基础垫层	清单	010501001	垫层	C15 预拌混凝土垫层	基础垫层底面积×垫层厚度	10.575	m³
	定额	子目 1	满堂基础垫层体积	C15 预拌混凝土垫层	同上	10.575	m³
	清单	011702001	基础	普通模板	基础垫层底面周长×垫层厚度	4.32	m²
	定额	子目 1	满堂基础垫层模板面积	普通模板	同上	4.32	m²

三、基础框架柱的工程量计算

（一）布置任务

1. 根据图纸对基础层框架柱进行列项（要求细化到工程量级别，即列出的分项能在清单中找出相应的编码）

2. 总结不同种类基础框架柱的各种清单、定额工程量计算规则

3. 计算基础层所有框架柱的清单、定额工程量

（二）内容讲解

根据图纸，其工作内容及清单和定额工程量计算规则与首层框现浇混凝土柱相同。

（三）完成任务

基础框架柱工程量计算见表 6-3。

表 6-3　基础框架柱工程量计算表（参考结施-04）

构件名称	算量类别	项目编码	项目名称	项目特征	计算公式	工程量	单位
框架柱	清单	010502001	矩形柱	C30 预拌混凝土	框架柱截面积×柱净高	2.438	m³
	定额	子目 1	框架柱体积	C30 预拌混凝土	同上	2.438	m³
	清单	011702002	矩形柱	普通模板	柱截面周长×柱净高	21.16	m²
	定额	子目 1	框架柱模板面积	普通模板	同上	21.16	m²

四、基础梁的工程量计算

(一) 布置任务

1. 根据图纸对基础层基础梁进行列项 (要求细化到工程量级别,即列出的分项能在清单中找出相应的编码)

2. 总结不同种类基础梁的各种清单、定额工程量计算规则

3. 计算基础层所有基础梁的清单、定额工程量

(二) 内容讲解

根据图纸,其工作内容及清单和定额工程量计算规则与首层现浇混凝土梁相同。

(三) 完成任务

基础梁工程量计算见表6-4。

表6-4 基础梁工程量计算表 (参考结施-04)

构件名称	算量类别	项目编码	项目名称	项目特征	计算公式	工程量	单位
基础梁	清单	010503001	基础梁	C30预拌混凝土	基础梁截面积×基础梁净长	5.357	m³
	定额	子目1	基础梁体积	C30预拌混凝土	同上	5.357	m³
	清单	011702005	基础梁	普通模板	基础梁净长×(0.5−0.3)×2 一相互重合部分	22.54	m²
	定额	子目1	满堂梁模板面积	普通模板	同上	22.54	m²

五、构造柱的工程量计算

(一) 布置任务

1. 根据图纸对基础层构造柱进行列项 (要求细化到工程量级别,即列出的分项能在清单中找出相应的编码)

2. 总结不同种类基础构造柱的各种清单、定额工程量计算规则

3. 计算基础层所有基础构造柱的清单、定额工程量

(二) 内容讲解

根据图纸,其工作内容及清单和定额工程量计算规则与首层现浇混凝土构造柱相同。

(三) 完成任务

基础构造柱工程量计算见表6-5。

表 6-5　基础构造柱工程量计算表（参考结施-02 和结施-04）

构件名称	算量类别	项目编码	项目名称	项目特征	计算公式	工程量	单位
构架柱	清单	010502002	构造柱	C20 预拌混凝土	（构造柱截面面积＋马牙槎面积）×柱净高	0.5929	m³
	定额	子目 1	构造柱体积	C20 预拌混凝土	同上	0.5929	m³
	清单	011702003	构造柱	普通模板	（构造柱外露长度＋马牙槎伸出长度）×柱净高	3.634	m²
	定额	子目 1	构造柱模板面积	普通模板面积	同上	3.634	m²

六、基础砌块墙的工程量计算

（一）布置任务

1. 根据图纸对基础层砌块墙进行列项（要求细化到工程量级别，即列出的分项能在清单中找出相应的编码）

2. 总结不同种类基础砌块墙的各种清单、定额工程量计算规则

3. 计算基础层所有基础砌块墙的清单、定额工程量

（二）内容讲解

根据图纸，其工作内容及清单和定额工程量计算规则与首层砌块墙相同。

（三）完成任务

基础砌块墙工程量计算见表 6-6。

表 6-6　基础砌块墙工程量计算表（参考结施-04）

构件名称	算量类别	项目编码	项目名称	项目特征	计算公式	工程量	单位
页岩砖墙	清单	010401003	实心砖墙（内墙）	M5 水泥砂浆页岩砖	净长×墙厚×净高－框架柱所占体积＋构造柱所占体积	5.106	m³
	定额	子目 1	构造柱体积	M5 水泥砂浆页岩砖	同上	5.106	m³

续表

构件名称	算量类别	项目编码	项目名称	项目特征	计算公式	工程量	单位
页岩砖墙	清单	010401003	实心砖墙（外墙）	M5 水泥砂浆页岩砖	外墙中心线长×墙厚×净高－框架柱所占体积＋构造柱所占体积	14.1204	m³
	定额	子目 1	页岩砖 370 体积	M5 水泥砂浆页岩砖	同上	14.1204	m³

七、大开挖土方的工程量计算

（一）布置任务

1. 根据图纸对基础层大开挖土方进行列项（要求细化到工程量级别，即列出的分项能在清单中找出相应的编码）
2. 总结不同种类土方开挖的各种清单、定额工程量计算规则
3. 计算基础层所有开挖土方的清单、定额工程量

（二）内容讲解

1. 挖一般土方的清单工程工作内容及工程量计算规则

工作内容包括排地表水；土方开挖；围护（挡土板）及拆除；基地钎探；运输。

根据图纸，其清单工程量按设计图示尺寸以体积计算。

2. 挖一般土方的定额工程量计算规则

① 土方体积均以挖掘前的天然密实体积计算。

② 遇有必须以天然密实体积换算时，参考表 6-7 所列数值计算。

表 6-7　土方体积换算系数

虚方体积	天然密实度体积	夯实后体积	松填体积
1.00	0.80	0.70	0.86
1.25	1.00	0.87	1.08
1.43	1.15	1.00	1.24
1.16	0.93	0.81	1.00

（三）完成任务

大开挖土方工程量计算见表 6-8。

表 6-8　大开挖土方工程量计算表（参考结施-02）

构件名称	算量类别	项目编码	项目名称	项目特征	计算公式	工程量	单位
大开挖土方	清单	010103001	回填方	1. 土壤类别：三类土 2. 弃土运距：1km 以内	大开挖土方体积－砌体墙体积－框架柱体积－基础梁体积－筏板基础体积－垫层体积	80.1352	m³
	定额	子目1	回填土方		同上	80.1352	m³
		子目2	运回填土		同上	80.1352	m³
	清单	010101002	挖一般土方	1. 土壤类别：三类土 2. 弃土运距：1km 以内	长度×宽度×挖土深度	136.9305	m³
	定额	子目1	大开挖土方		同上	136.9305	m³

第七章 其他项目工程量手工计算

前面已经计算了三层框架楼从基础层到屋面层六大块的工程量，还有一些工程量归不到六大块里面，如建筑面积、脚手架、落水管等，接下来的一章将重点介绍剩下的项目工程量的计算。

第一节 楼梯栏杆的工程量计算

楼梯栏杆的工程量计算如下。

（一）布置任务

1. 根据图纸对整楼的楼梯栏杆进行列项（要求细化到工程量级别，即列出的分项能在清单中找出相应的编码）
2. 总结楼梯栏杆的各种清单、定额工程量计算规则
3. 计算整楼楼梯栏杆的清单、定额工程量

（二）内容讲解

1. 栏杆的清单工程工作内容及工程量计算规则

工作内容包括制作；运输；安装；刷防护材料。

其清单工程量按设计图示以扶手中心线长度（包括弯头长度）计算。

2. 栏杆的定额工程量计算规则

扶手、栏杆、栏板的定额工程量计算规则与清单计算规则相同。

（三）完成任务

楼梯栏杆的工程量计算见表 7-1。

表 7-1　楼梯栏杆工程量计算表（参考结施-08 等）

构件名称	算量类别	项目编码	项目名称	项目特征	计算公式	工程量	单位
不锈钢栏杆	清单	011503001	金属栏杆、扶手	不锈钢栏杆；不锈钢扶手	首层栏杆扶手长度＋二层栏杆扶手长度	13.968	m

续表

构件名称	算量类别	项目编码	项目名称	项目特征	计算公式	工程量	单位
不锈钢栏杆	定额	子目1	不锈钢栏杆			10.701	m²
		子目2	不锈钢扶手			11.89	m

☞ **温馨提示：**

　　楼梯栏杆有平段长度、斜段长度，斜段长度可以采用水平投影长度乘以斜度系数的方法，但都不如直接从图纸上量的方法简单。在实际中如果有 cad 图直接从 cad 图上量，没有 cad 图可以采用在图纸上量，按图纸比例计算成实际尺寸。

（1）首层楼梯扶手（栏杆）长度统计

首层楼梯扶手（栏杆）长度要结合首层楼梯图与二层楼梯图来计算，如图 7-1 所示。

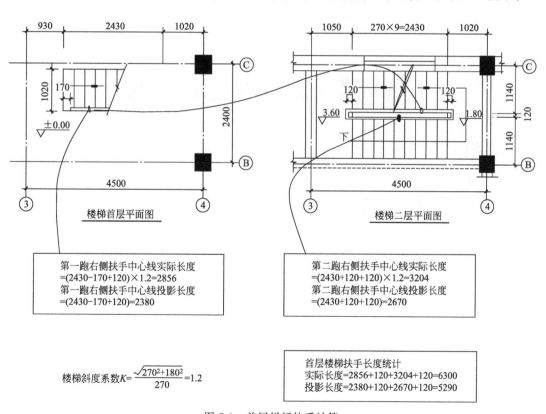

图 7-1　首层栏板扶手计算

（2）二层楼梯扶手（栏杆）长度统计

二层楼梯扶手（栏杆）长度要结合首层楼梯图与三层楼梯图来计算，如图 7-2 所示。

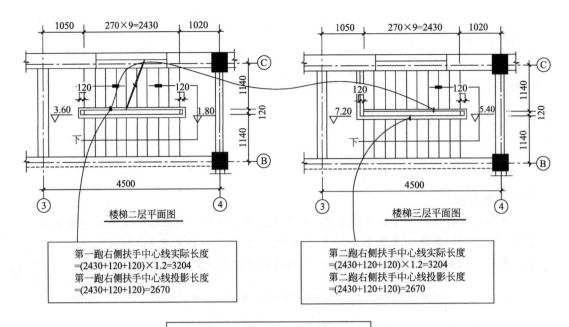

第一跑右侧扶手中心线实际长度
=(2430+120+120)×1.2=3204
第一跑右侧扶手中心线投影长度
=(2430+120+120)=2670

第二跑右侧扶手中心线实际长度
=(2430+120+120)×1.2=3204
第二跑右侧扶手中心线投影长度
=(2430+120+120)=2670

二层楼梯扶手长度统计
实际长度=3204+120+3204+1140=7668
投影长度=2670+120+2670+1140=6600

图 7-2　二层栏杆扶手计算

第二节 建筑面积的工程量计算

建筑面积的工程量计算如下。

(一) 布置任务

根据图纸计算整楼的建筑面积。

(二) 完成任务

建筑面积的工程量计算见表 7-2。

表 7-2　建筑面积计算表（建施-01、02、03）

构件名称	算量名称	计算公式	工程量	单位
总建筑面积	首层外墙外边线以内面积	外墙外边线以内净面积		
			91.12	m²
	二层阳台建筑面积	阳台外边线以内净面积		
			3.816	m²

续表

构件名称	算量名称	计算公式	工程量	单位
总建筑面积	整楼建筑面积	外墙外边线以内面积×3层+ 二层阳台面积×2层阳台	280.992	m²

第三节　平整场地的工程量计算

平整场地的工程量计算如下。

（一）布置任务

根据图纸对平整场地进行列项。

（二）内容讲解

1. 平整场地的清单工程工作内容及工程量计算规则

工作内容包括土方挖填；场地找平；运输。

根据图纸，其清单工程量按设计图示尺寸以建筑物首层建筑面积计算。

2. 平整场地的定额工程量计算规则

其定额工程量按建筑物或构筑物底面积的外边线每边各增加 2m，以平方米计算（室外管道沟不计算平整场地）。

北京地区平整场地定额工程量按首层建筑面积乘以系数（1.4）计算。

（三）完成任务

平整场地的工程量计算见表 7-3。

表 7-3　平整场地工程量计算表（参考建施-01）

构件名称	算量类别	项目编码	项目名称	项目特征	计算公式	工程量	单位
平整场地	清单	010101001	平整场地		首层建筑面积	91.12	m²
	定额	子目1	平整场地 （按外放 2m 计算）		每边外放 2m	187.92	m²

☞ **温馨提示：**

平整场地的清单工程量以首层建筑面积为准；在计价工程量中，部分地区需要外扩2m，其他地区根据当地计价规则而定。

第四节 脚手架的工程量计算

脚手架的工程量计算如下。

（一）布置任务

根据图纸对脚手架进行列项。

（二）内容讲解

1. 脚手架的清单工程工作内容及工程量计算规则

工作内容包括场内、场外材料搬运；搭、拆脚手架、斜道、上料平台；安全网的铺设；选择附墙点与主体连接；拆除脚手架后材料的堆放。

根据图纸，其清单工程量按建筑面积计算。

2. 脚手架的定额工程量计算规则

根据图纸，其定额工程量计算规则与清单计算规则相同。

（三）完成任务

脚手架的工程量计算见表7-4。

表7-4 综合脚手架工程量计算

构件名称	算量类别	项目编码	项目名称	项目特征	计算公式	工程量	单位
综合脚手架	清单	0111701001	综合脚托手架（外墙内）		外墙外边线以内净面积×3层	273.36	m²
	定额	子目1	综合脚手架		同上	273.36	m²

第五节 大型机械进出场费的工程量计算

大型机械进出场费的工程量计算如下。

（一）布置任务

根据图纸对大型机械进出场费进行列项。

（二）内容讲解

1. 大型机械进出场及安拆的清单工程工作内容及工程量计算规则

工作内容包括安拆费（施工机械、设备在现场进行安装拆卸所需人工、材料、机械和试运转费用以及机械辅助设施的折旧、搭设、拆除等费用）和进出场费（施工机械、设备整体或分体自停放地点运至施工现场或由一施工地点运至另一施工地点所发生的运输、装卸、辅助材料等费用）。

其清单工程量按使用机械设备的数量计算。

2. 大型机械进出场及安拆的定额工程量计算规则

根据图纸，其定额工程量计算规则与清单计算规则相同。

（三）完成任务

大型机械进出场费的工程量计算见表 7-5。

表 7-5　大型机械进出场费工程量计算

构件名称	算量类别	项目编码	项目名称	项目特征	计算公式	工程量	单位
大型机械进出场费	清单	011703001	垂直运输（外墙内）		外墙外边线以内净面积×3层	273.36	m²
	定额	子目1	垂直运输		同上	273.36	m²

第六节　垂直运输费的工程量计算

垂直运输费的工程量计算如下。

（一）布置任务

根据图纸对垂直运输费进行列项。

（二）内容讲解

1. 垂直运输的清单工程工作内容及工程量计算规则

工作内容包括垂直运输机械的固定装置、基础制作、安装；行走式垂直运输机械轨道的铺设、拆除、摊销。

根据图纸，其清单工程量按建筑面积计算。

2. 垂直运输的定额工程量计算规则

根据图纸，其定额工程量计算规则与清单工程量相同。

（三）完成任务

垂直运输费的工程量计算见表7-6。

表7-6　垂直运输费工程量计算

构件名称	算量类别	项目编码	项目名称	项目特征	计算公式	工程量	单位
垂直运输	清单	011703001	垂直运输（外墙内）		外墙外边线以内净面积×3层	273.36	m²
	定额	子目1	垂直运输		同上	273.36	m²
	清单	011703001	垂直运输（阳台）		阳台外边线以内净面积×2层	7.632	m²
	定额	子目1	垂直运输		同上	7.632	m²

第七节　工程水电费的工程量计算

垂直运输费的工程量计算如下。

（一）布置任务

根据图纸对工程水电费进行列项。

（二）内容讲解

工程水电费《房屋建筑与装饰工程工程量计算规范》中未明确列出，而在实际工程中需要计算其工程量，因此在此节做补充清单处理。

根据图纸以及实际工程中的使用情况，其清单和定额工程量均按建筑面积计算。

（三）完成任务

工程水电费的工程量计算见表7-7。

表7-7　工程水电费工程量计算

构件名称	算量类别	项目编码	项目名称	项目特征	计算公式	工程量	单位
工程水电	清单	B-002	工程水电费（外墙内）		外墙外边线以内净面积×3层	273.36	m²
	定额	子目1	工程水电费		同上	273.36	m²

附 图

建筑总说明

一、工程概况

1. 项目名称：快算公司培训楼。
2. 建筑性质：框架结构，地上三层，基础为梁板式筏板基础。
3. 本工程为造价初学者设计的培训楼，通过这个工程更多地了解框架结构手工和软件最基本的知识点。

二、节能设计

1. 本建筑物体形系数＜0.3。
2. 本建筑物外墙砌体结构为370mm厚页岩砖砌体，外墙外侧均做35mm厚聚苯颗粒作为外墙外保温做法，传热系数＜0.6 W/(m²·K)。
3. 本建筑物外墙塑钢门窗均为单层框中空玻璃，传热系数为3.0W/(m²·K)。

三、防水设计

1. 本建筑物屋面工程防水等级为二级，平屋面采用3mm厚高聚物改性沥青防水卷材防水层，屋面雨水采用φ100PVC管排水。
2. 楼地面防水：在凡需要楼地面防水的房间，均做水沉性涂膜防水三道，共2mm厚，防水层卷起300mm高，房间在做完闭水试验后进行下道工序施工，凡管道穿楼板处预埋防水套管。

四、墙体设计

1. 外墙：均为370mm厚页岩砖砌体复合墙体及35mm厚聚苯颗粒保温墙体。
2. 内墙：均为240mm厚页岩砖砌体。
3. 墙体砂浆：页岩砖砌体±0.00以下使用M5.0水泥砂浆砌筑，±0.00以上使用M7.5水泥砂浆砌筑。

五、其他

1. 防腐除锈：所有预埋铁件，在预埋前均应做除锈处理；所有预埋木砖在预埋前，均应先用沥青油做防腐处理。
2. 所用门窗除特别注明外，门窗的立框位置置居中线。
3. 凡室内有地漏的房间，除特别注明外，其地面应自门中或墙边向地漏方向做0.5%的坡。

房间名称见表1，门窗数量及规格统计表见表2。

表1 房间名称

层	房间名称	地面	踢脚/踢裙	墙面	天棚	备注
一层	接待室	地1	裙A	内墙A	棚A	1. 所有踢脚高度均为100mm高。 2. 接待厅高度墙裙高度为1200mm高。 3. 所有窗户均有窗台板（楼梯间窗户除外），窗台板材质为大理石，尺寸为：洞口宽×200mm
	办公室、财务处	地1	踢A	内墙A	棚B	
	卫生间	地2		内墙B	棚A	
	楼梯间	地1	踢A	内墙A	棚B	
二层	休息室、工作室	楼1	踢A	内墙A	棚B	
	卫生间	楼2		内墙B	棚A	
	楼梯间	楼2	踢A	内墙A	棚B	
	阳台		详墙身1—1剖面			
三层	休息室、工作室	楼3	踢A	内墙A	棚B	
	卫生间	楼2		内墙B	棚A	
	楼梯间	楼3	踢A	内墙A	棚B	
	阳台		详墙身1—1剖面			
台阶	水泥砂浆台阶					
散水	混凝土散水					

工程名称	快算公司培训楼
图名	建筑总说明
图号	建总1
设计	张向荣

工程名称	快算公司培训楼
图名	建筑总说明
图号	建总2
设计	张向荣

表2　门窗数量及规格统计表

编号	规格（洞口尺寸）/mm		离地高度/mm	名称	数量			
	宽度	高度			一层	二层	三层	合计
M—1	3900	2700		铝合金90系列双扇推拉门	1			1
M—2	900	2400		木质门	2	2	2	6
M—3	750	2100		木质门	1	1	1	3
C—1	1500	1800	900	双扇塑钢推拉窗	4	4	4	12
C—2	1800	1800	900	三扇塑钢推拉窗	1	1	1	3
MC—1	见详图			塑钢门联窗	1	1		2

工程做法明细

一、地1　铺瓷砖地面

1. 5mm厚铺瓷砖800mm×800mm×10mm，白水泥擦缝。
2. 20mm厚1：4干硬性水泥砂浆黏结层。
3. 素水泥结合层一道。
4. 20mm厚1：3水泥砂浆找平。
5. 50mm厚C15混凝土垫层。
6. 150mm厚3：7灰土垫层。
7. 素土夯实。

二、地2　铺地砖防水地面

1. 5mm厚铺地砖300mm×300mm×10mm，白水泥擦缝。
2. 20mm厚1：4干硬性水泥砂浆黏结层。
3. 1.5mm厚聚合物水泥基防水涂料。
4. 35mm厚C15细石混凝土，从门口向地漏处找坡。
5. 50mm厚C15混凝土垫层。
6. 150mm厚3：7灰土垫层。
7. 素土夯实。

三、楼1　铺瓷砖地面

1. 5mm厚铺瓷砖800mm×800mm×10mm，白水泥擦缝。
2. 20mm厚1：4干硬性水泥砂浆黏结层。
3. 素水泥结合层一道。
4. 35mm厚C15细石混凝土找平层。
5. 素水泥结合层一道。
6. 钢筋混凝土楼板。

四、楼2　铺地砖防水地面

1. 5mm厚铺地砖300mm×300mm×10mm，白水泥擦缝。
2. 20mm厚1：4干硬性水泥砂浆黏结层。
3. 1.5mm厚聚合物水泥基防水涂料。
4. 35mm厚C15细石混凝土，从门口向地漏处找坡。
5. 素水泥结合层一道。
6. 钢筋混凝土楼板。

五、楼3　瓷质防滑地砖

铺300mm×300mm瓷质防滑地砖，白水泥擦缝。

1. 5mm厚瓷砖，白水泥擦缝。
2. 20mm厚1：4干硬性水泥砂浆黏结层。
3. 素水泥结合层一道。
4. 钢筋混凝土楼梯。

六、踢A　水泥砂浆踢脚

1. 8mm厚1：2.5水泥砂浆罩面压实赶光。
2. 8mm厚1：3水泥砂浆打底扫毛或划出纹道。

七、裙A　胶合板墙裙

1. 饰面油漆刮腻子、磨砂纸、刷底漆两遍，刷聚酯清漆两遍。

2. 粘柚木饰面板。

3. 12mm 木质基层板。

4. 木龙骨（断面 30mm×40mm，间距 300mm×300mm）。

八、内墙 A 涂料墙面

1. 抹灰面刮仿瓷涂料。

2. 5mm 厚 1:2.5 水泥砂浆找平。

3. 9mm 厚 1:3 水泥砂浆打底扫毛或划出纹道。

九、内墙 B 薄型面砖墙面（防水）

1. 粘贴 5～6mm 厚面砖。

2. 1.5mm 厚聚合物水泥基防水涂料。

3. 9mm 厚 1:3 水泥砂浆打底扫毛或划出纹道。

十、棚 A 铝合金条板吊顶（吊顶高度 3000mm）

1. 现浇板混凝土预留圆 10mm 吊环，间距≤1500mm。

2. U 型轻钢龙骨，中距≤1500mm。

3. 1.0mm 厚铝合金条板，离缝安装带插缝板。

十一、棚 B 石灰砂浆抹灰天棚

1. 抹灰面刮三遍仿瓷涂料。

2. 2mm 厚 1:2.5 纸筋灰罩面。

3. 10mm 厚 1:1:4 混合砂浆打底。

4. 刷素水泥浆一遍（内掺建筑胶）。

十二、外墙 1 贴陶质釉面砖

1. 1:1 水泥（或水泥掺色）砂浆（细砂）勾缝。

2. 贴 194mm×94mm 陶质外墙釉质面砖。

3. 6mm 厚 1:2 水泥砂浆。

4. 12mm 厚 1:3 水泥砂浆打底扫毛或划出纹道。

5. 刷素水泥浆一遍（内掺建筑胶）。

十三、外墙 2 涂料墙面（含阳台、雨篷、挑檐板底装修）

1. 喷 HJ80-1 型无机建筑涂料。

2. 6mm 厚 1:2.5 水泥砂浆找平。

3. 12mm 厚 1:3 水泥砂浆打底扫毛或划出纹道。

4. 刷素水泥浆一遍（内掺建筑胶）。

十四、外墙 3 水泥砂浆墙面

1. 6mm 厚 1:2.5 水泥砂浆罩面。

2. 12mm 厚 1:3 水泥砂浆打底扫毛或划出纹道。

3. 刷素水泥浆一遍（内掺建筑胶）。

十五、台阶 水泥砂浆台阶

1. 20mm 1:2.5 水泥砂浆面层。

2. 100mm C15 碎石混凝土台阶。

3. 300mm 厚 3:7 灰土垫层。

十六、散水

1. 1:1 水泥砂浆面层一次抹光。

2. 80mm C15 碎石混凝土散水，沥青砂浆嵌缝。

3. 素土夯实。

工程名称	快算公司培训楼
图名	建筑总说明
图号	建总3
设计	张向荣

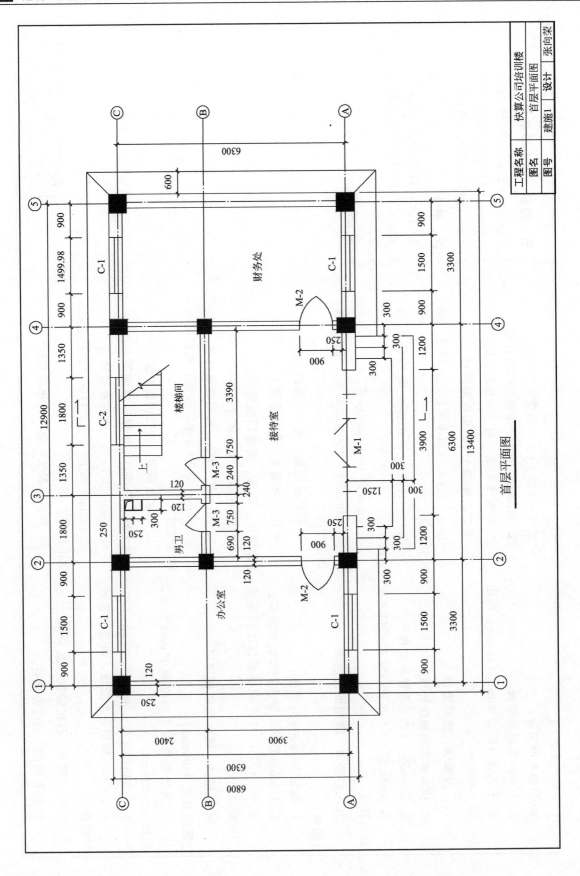

首层平面图

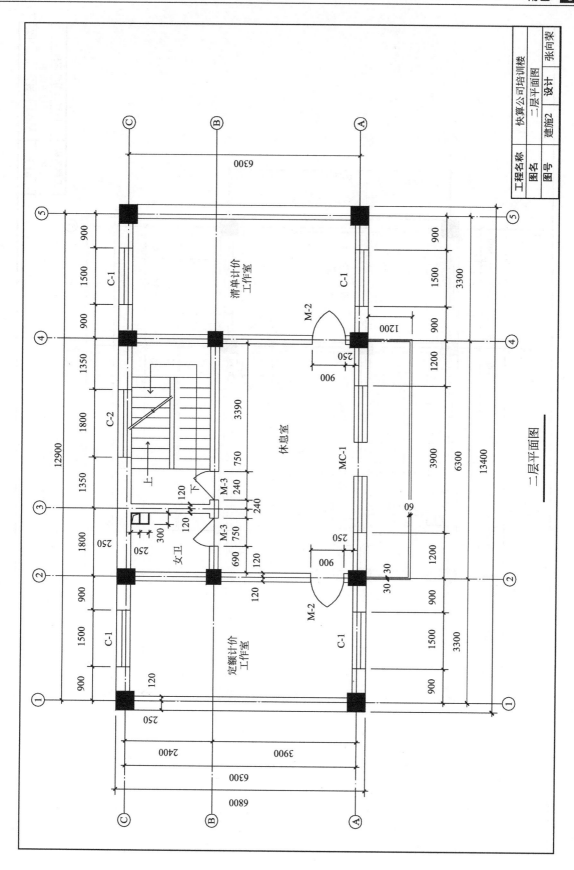

二层平面图

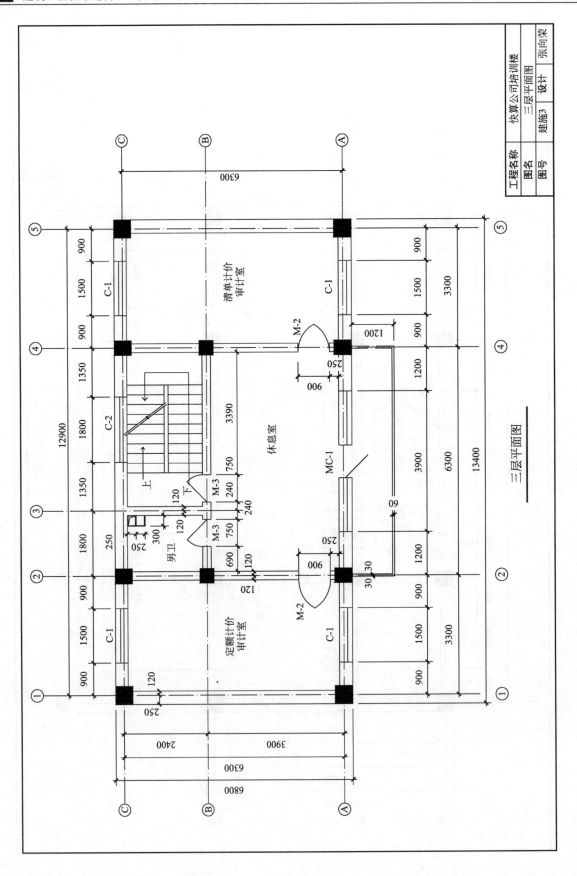

三层平面图

工程名称	快算公司培训楼	
图名	三层平面图	张向荣
图号	建施3	设计

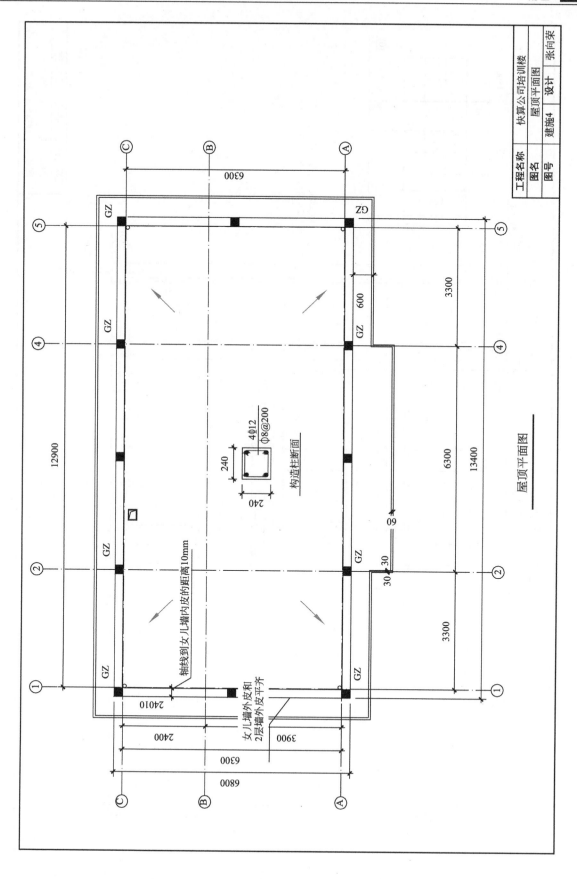

屋顶平面图

构造柱断面

4Φ12
Φ8@200

工程名称	快算公司培训楼
图名	屋顶平面图
图号	建施4
设计	张向荣

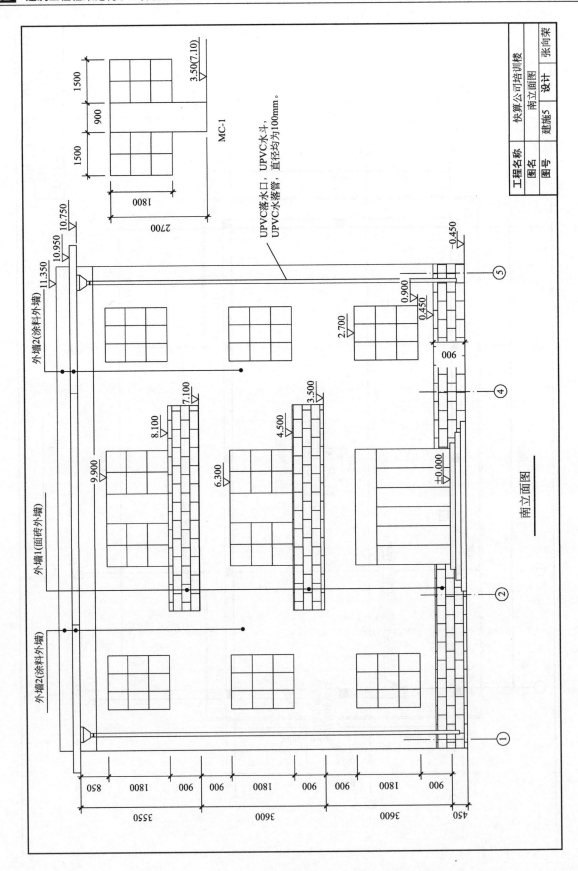

南立面图

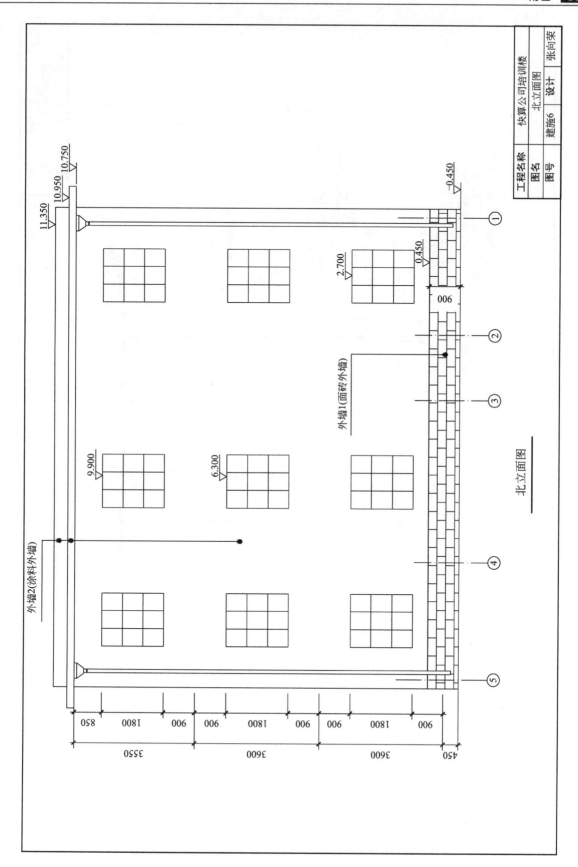

北立面图

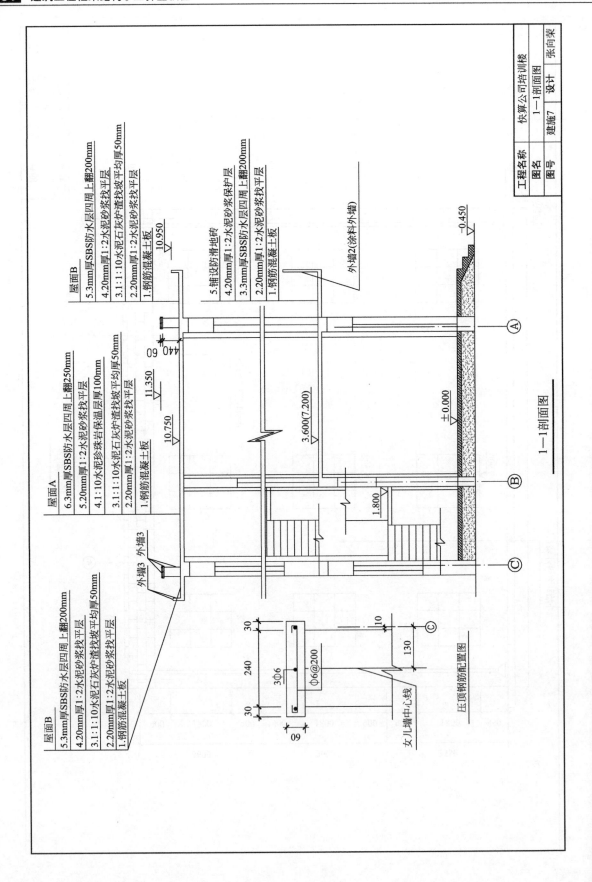

屋面A
6.3mm厚SBS防水层四周上翻250mm
5.20mm厚1:2水泥砂浆找平层
4.1:10水泥珍珠岩保温层厚100mm
3.1:1:10水泥石灰炉渣找坡找平均厚50mm
2.20mm厚1:2水泥砂浆找平层
1.钢筋混凝土板

屋面B
5.3mm厚SBS防水层四周上翻200mm
4.20mm厚1:2水泥砂浆找平层
3.1:1:10水泥石灰炉渣找坡找平均厚50mm
2.20mm厚1:2水泥砂浆找平层
1.钢筋混凝土板

屋面B
5.3mm厚SBS防水层四周上翻200mm
4.20mm厚1:2水泥砂浆找平层
3.1:1:10水泥石灰炉渣找坡找平均厚50mm
2.20mm厚1:2水泥砂浆找平层
1.钢筋混凝土板

5.铺设防滑地砖
4.20mm厚1:2水泥砂浆保护层
3.3mm厚SBS防水层四周上翻200mm
2.20mm厚1:2水泥砂浆找平层
1.钢筋混凝土板

外墙2(涂料外墙)

外墙3

1—1剖面图

3Φ6
Φ6@200
压顶钢筋配置图
女儿墙中心线

工程名称 快算公司培训楼
图名 1—1剖面图 设计 张向荣
图号 建施7

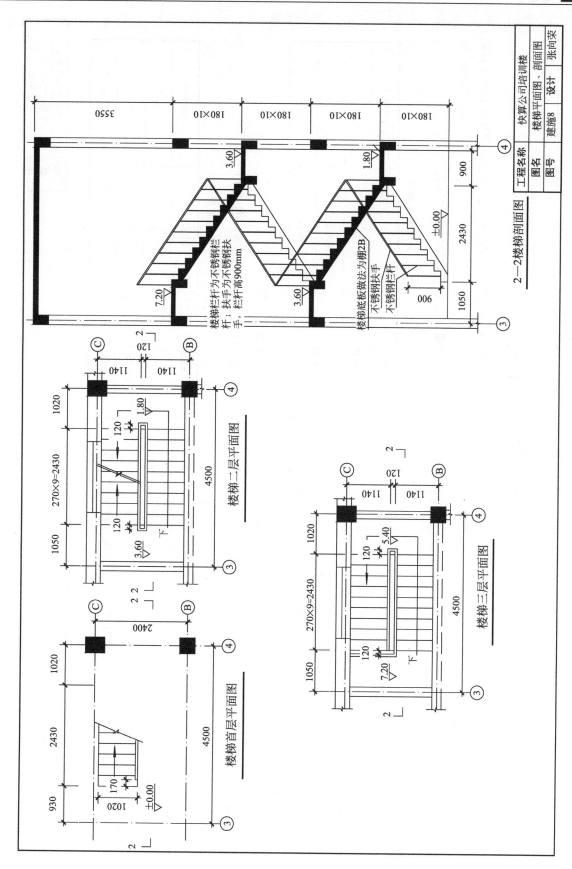

楼梯栏杆为不锈钢栏杆；扶手为不锈钢扶手，栏杆高900mm

楼梯底板做法为棚2B
不锈钢扶手
不锈钢栏杆

2—2楼梯剖面图

楼梯三层平面图

楼梯二层平面图

楼梯首层平面图

工程名称	快算公司培训楼	
图名	楼梯平面图、剖面图	设计
图号	建施8	张向荣

结构设计总说明（一）

一、工程概况

1. 项目名称：快算公司培训楼。
2. 建筑性质：框架结构，地上三层，基础为梁板式筏板基础。

二、自然条件

1. 抗震设防烈度：8 度。
2. 抗震等级：二级。

三、场地的工程地质条件

1. 本工程专为教学使用设计，无地勘报告。
2. 基础按筏板基础梁设计，采用天然地基，地基承载力特征值 $f_{ax} = 160 \text{kPa}$。
3. 本工程士 0.000 相当于绝对标高暂定为 ×.×××。

四、本工程设计所遵循的标准、规范、规程

1. 《建筑结构可靠度设计统一标准》　　　　　（GB 50068—2008）
2. 《建筑结构荷载规范》　　　　　　　　　　（GB 50009—2012）
3. 《混凝土结构设计规范》　　　　　　　　　（GB 50010—2010）
4. 《建筑抗震设计规范》　　　　　　　　　　（GB 50011—2010）
5. 《建筑地基基础设计规范》　　　　　　　　（GB 50007—2011）
6. 《混凝土结构施工图平面整体表示方法制图规则和构造详图》
　　　　　　　　　　　　　　　　　　　　　（11G101—1）
7. 《混凝土结构施工图平面整体表示方法制图规则和构造详图》
　　　　　　　　　　　　　　　　　　　　　（11G101—2）
8. 《混凝土结构施工图平面整体表示方法制图规则和构造详图》
　　　　　　　　　　　　　　　　　　　　　（11G101—3）

五、设计采用的活荷载标准值（见表 3）

表 3　活荷载标准值

名称	部位	活荷载标准值/（kN/m²）
屋面	不上人屋面	0.5
楼面	首层地面堆载	3.0
	楼梯	3.5

六、主要结构材料

1. 钢筋及手工焊匹配的焊条（见表 4）

表 4　钢筋及焊条

钢筋级别	HPB300	HRB400
符号	Φ	Φ
强度设计值/（N/mm²）	270	360
焊条	E43 型	E50 型

工程名称	快算公司培训楼	
图名	结构设计总说明（一）	
图号	结总1	设计	张尚荣

结构设计总说明（二）

2. 钢筋的接头形式及要求

（1）纵向受力钢筋直径≥16mm 的纵筋应采用等强机械连接接头，接头应 50% 错开；接头性能等级不低于Ⅱ级。

（2）当采用搭接时，搭接长度范围内应配置箍筋，箍筋间距不应大于搭接钢筋较小直径的 5 倍，且不应大于 100mm。

3. 钢筋锚固长度和搭接长度见图集 53、55 页。纵向钢筋当采用 HPB300 级钢时，端部另加弯钩。

4. 钢筋混凝土现浇楼（屋）面板

除具体施工图中有特别规定者外，现浇钢筋混凝土板的施工应符合以下要求：

（1）板的底部钢筋不得在跨中搭接，其伸入支座的锚固长度≥5d，且应伸过支座中心线，两侧板筋配筋相同者尽量拉通。当 HPB300 级钢筋时端部另设弯钩。

（2）板的边支座负筋在梁或墙内的锚固长度应满足受拉钢筋的最小锚固长度 L_a，且应延伸到梁或墙的远端。

（3）双向板的底部钢筋，除注明外，短跨钢筋置于下排，长跨钢筋置于上排。

2. 混凝土强度等级（见表5）

表 5　混凝土强度等级

部位	混凝土强度等级
基础垫层	C15
一层～屋面主体结构柱、梁、板、楼梯	C30
其余各结构构造柱、过梁、圈梁等	C20

七、钢筋混凝土结构构造

本工程采用国家标准图《混凝土结构施工图平面整体表示方法制图规则和构造详图》。

图中未注明的构造要求应按照标准图的有关要求执行。

1. 最外层钢筋的混凝土保护层厚度见表 6。

表 6　最外层钢筋的混凝土保护层厚度　mm

环境类别	板、墙	梁、柱
一	15	20
二 a	20	25
二 b	25	35

注：1. 表中混凝土保护层厚度指最外层钢筋外边缘至混凝土表面的距离。
2. 构件中的受力钢筋的保护层厚度不应小于钢筋的公称直径。
3. 基础底面钢筋的保护层厚度，不应小于 40mm。

工程名称	快算公司培训楼
图名	结构设计总说明（二）
图号	结总2　设计　张向荣

结构设计总说明（三）

（4）当板底与梁底平时，板的下部钢筋伸入梁内需弯折后置于梁的下部纵向钢筋之上。

（5）板上孔洞应预留，施工时不得后凿。当孔洞尺寸≤300mm时，板内钢筋由洞边绕过，不得截断。当洞口尺寸＞300mm时，应按平面图要求加设洞边附加钢筋或梁。当平面图未交待时，应按下图要求加设洞边板底附加钢筋，两侧加筋面积不小于被截断钢筋面积的一半。加筋的长度为单向或双向板的两个方向沿跨度通长，并锚入支座＞5d，且应伸至支座中心线。单向板非受力方向的洞口加筋为洞口宽度加两侧各40d，且应放置在受力钢筋之上，见图1。

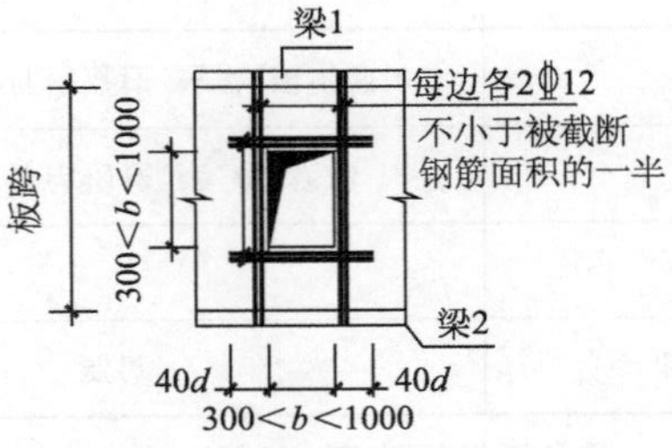

（6）板上孔洞，结构平面图中只表示出洞口尺寸＞300mm的孔洞，不得后凿。当孔洞尺寸＞300mm的，施工时各工种必须根据各专业图纸配合土建预留全部孔洞，板内钢筋由洞边绕过，不得截断。

图1

（6）板内分布钢筋（包括楼梯板），除注明者外，分布钢筋直径、间距见表7。

表7 分布钢筋

楼板厚度	＜100	100～120
分布钢筋	Φ6@200	Φ6@150

5. 钢筋混凝土主楼（屋）面梁
主次梁相交（主梁不仅包括框架梁）时，主梁在次梁范围内仍应配置箍筋，图中未注明时，在次梁两侧各设3组箍筋，箍筋肢数、直径同主梁箍筋，间距50mm，附加吊筋详见各层层梁配筋平面图。

八、填充墙

1. 填充墙的平面位置和做法见建筑图。

2. 填充墙与混凝土柱、墙间的拉结钢筋，应按建施图中填充墙的位置预留，拉结筋沿墙全长布置。填充墙与框架柱、剪力墙或构造柱拉结筋详《12G614—1》。

结构设计总说明（四）

3. 填充墙构造柱设置位置详见建施图，构造柱设置应满足以下要求：墙端部、拐角、纵横墙交接处、十字相交以及墙长超过4m均应加设构造柱。直段墙构造柱间距不大于4m。截面配筋见图2。

2. 构造柱与墙连接处应砌成马牙槎，先砌墙后浇构造柱混凝土，构造柱钢筋绑好后，上端距梁或板底60mm高用原有混凝土填实，构造柱主筋应锚入上下层楼板或梁内，锚入长度为 L_a。其上下端600mm范围内箍筋加密，间距为100mm。

4. 门窗洞顶过梁做法

在各层门窗洞顶标高处，应设置过梁，过梁配筋见表8。

表8　过梁配筋

配筋示意	门、窗洞宽 B	B≤1200		1200<B≤2400		2400<B≤4000	
	梁高 h	h=100		h=200		h=300	
	梁宽 b=墙厚	b≤200	b>200	b≤200	b>200	b≤200	b>200
	①号筋	2φ10	3φ10	2φ12	3φ12	2φ14	3φ14
	②号筋	2φ12	3φ12	2φ14	3φ14	2φ16	3φ16
	③号筋	2φ6@100		2φ6@100		2φ8@150	

图2　填充墙构造柱配筋图

工程名称	快算公司培训楼		
图名	结构设计总说明（四）	设计	张向荣
图号	结总4		

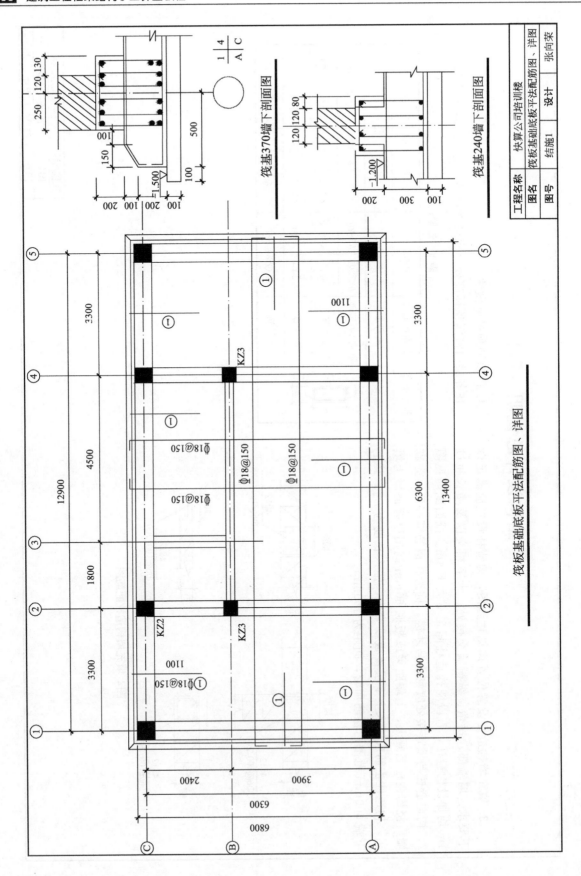

筏基370墙下剖面图

筏基240墙下剖面图

筏板基础底板平法配筋图、详图

工程名称	快算公司培训楼	筏板基础底板平法配筋图、详图
图名		
图号	结施1	设计	张向荣

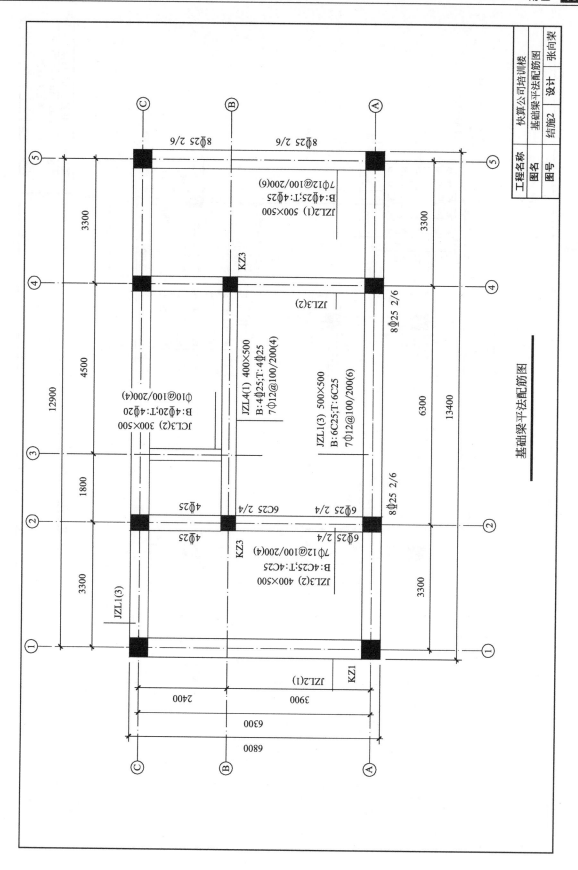

基础梁平法配筋图

工程名称	快算公司培训楼	
图名	基础梁平法配筋图	
图号	结施2	设计	张向荣

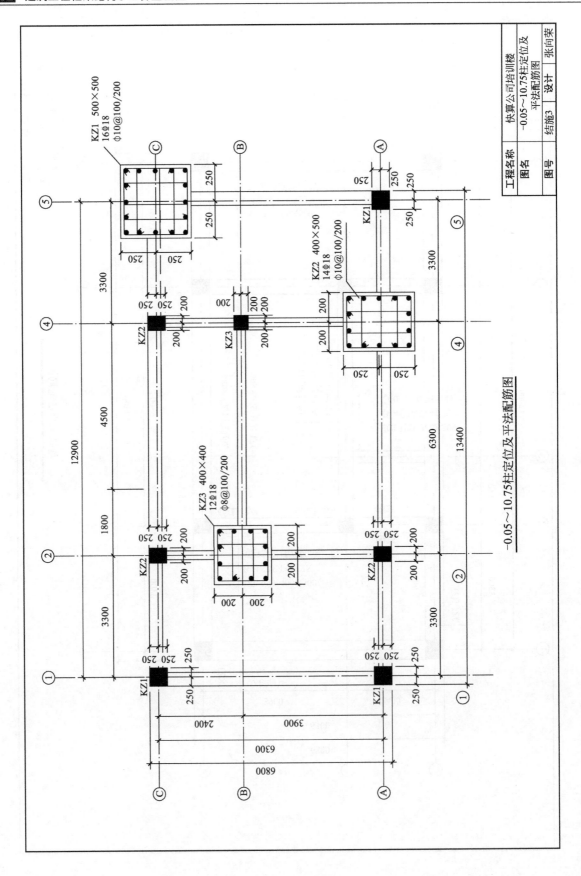

-0.05～10.75柱定位及平法配筋图

工程名称	快算公司培训楼
图名	-0.05～10.75柱定位及平法配筋图
图号	结施3	设计	张向荣

KZ1 500×500
16Φ18
Φ10@100/200

KZ2 400×500
14Φ18
Φ10@100/200

KZ3 400×400
12Φ18
Φ8@100/200

3.55(7.15)梁平法配筋图

工程名称	快算公司培训楼
图名	3.55(7.15)梁平法配筋图
图号	结施4	设计	张向荣

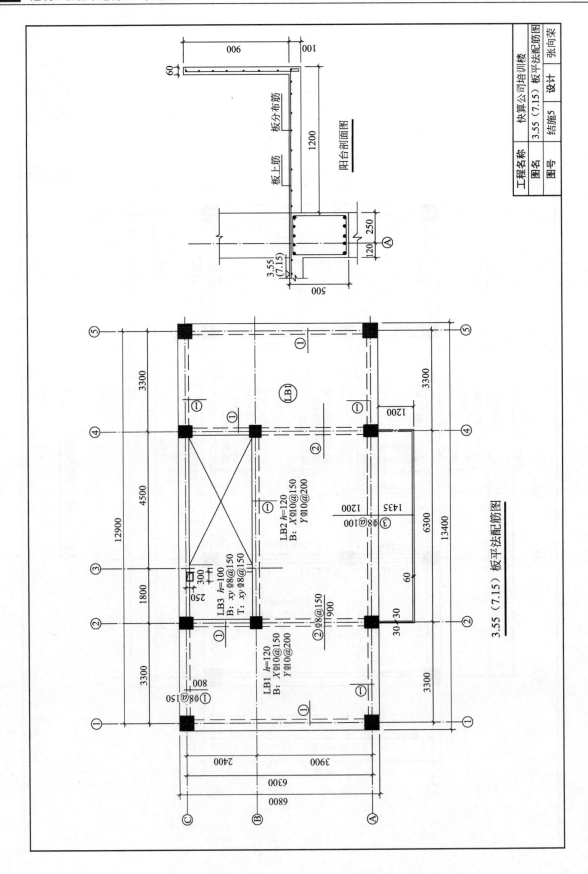

3.55（7.15）板平法配筋图

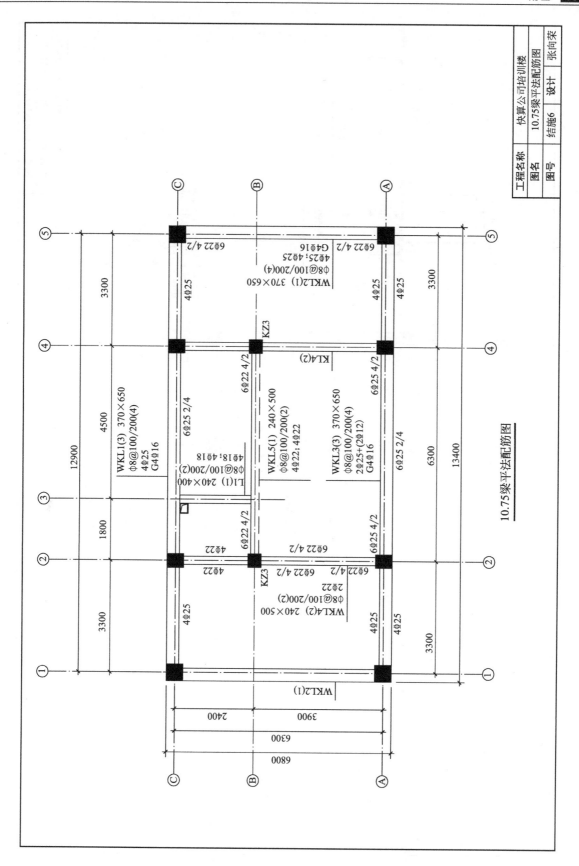

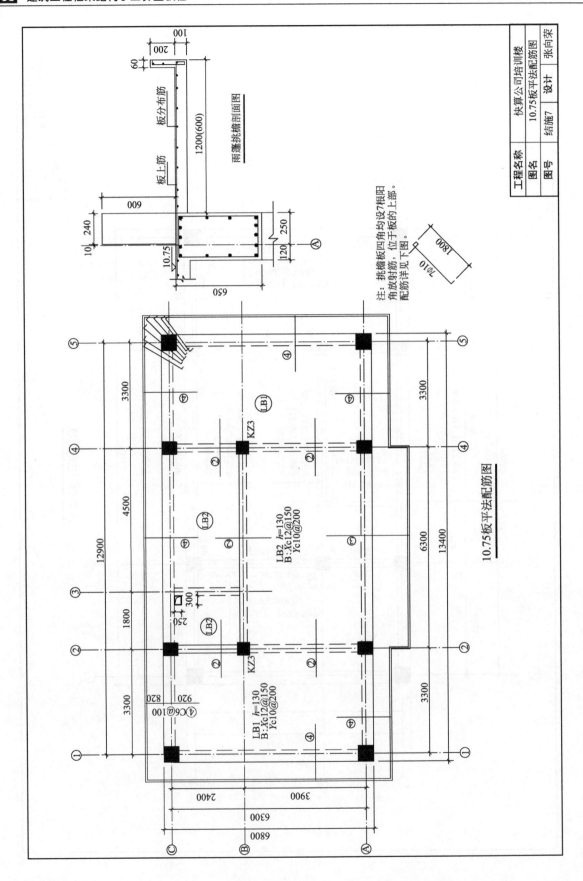

雨篷挑檐剖面图

板分布筋

板上筋

板上筋

注：挑檐板四角均设7根阳
角放射筋，位于板的上部。
配筋详见下图。

7φ10
1800

10.75板平法配筋图

LB2 h=130
B:Xc12@150
Yc10@200

KZ3

LB1

LB2

LB1 h=130
B:Xc12@150
Yc10@200

①C6@100

KZ3

工程名称	快算公司培训楼
图名	10.75板平法配筋图
图号	结施7
设计	张向荣

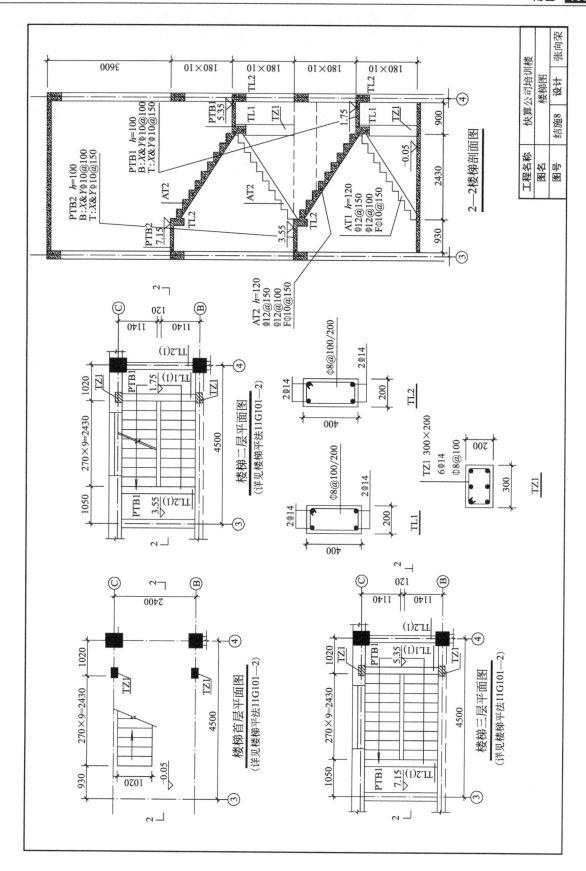

2—2楼梯剖面图

AT1 h=120
Φ12@150
Φ12@100
FΦ10@150

AT2 h=120
Φ12@150
Φ12@100
FΦ10@150

PTB2 h=100
B:X&YΦ10@100
T:X&YΦ10@150

PTB1 h=100
B:X&YΦ10@100
T:X&YΦ10@150

楼梯二层平面图
(详见楼梯平法11G101—2)

楼梯首层平面图
(详见楼梯平法11G101—2)

楼梯三层平面图
(详见楼梯平法11G101—2)

TL2
2Φ14   Φ8@100/200
2Φ14
400 × 200

TL1
2Φ14   Φ8@100/200
2Φ14
400 × 200

TZ1 300×200
6Φ14   Φ8@100
300 × 200

工程名称	快算公司培训楼
图名	楼梯图
图号	结施8
设计	张向荣